中华青少年科学文化博览丛书·环保卷 >>>

图说环境与城市 >>>

中华青少年科学文化博览丛书·环保卷

图说环境与城市

TUSHUO HUANJING YU CHENGSHI

吉林出版集团有限责任公司 | 全国百佳图书出版单位

前　言

城市,是现代人居住最集中的地方,在早期,地球上并没有城市,人类也居无定所,往往三五成群,随遇而栖,渔猎而食。但是,在对付个体庞大的凶猛的动物时,三五个人的力量显得单薄,只有联合其他群体,才能获得胜利。

随着群体的力量强大,收获也就丰富起来,抓获的猎物不便携带,找地方贮藏起来,久而久之便在那地方定居下来。但凡人类选择定居的地方,都是些水草丰美,动物繁盛的处所。这就是为什么很多世界闻名的古城都在河流经过的地方。

城市的出现,是人类走向成熟和文明的标志,也是人类群居生活的高级形式。城市的起源从根本上来说,是人类文明的主要组成部分,城市也是伴随人类文明与进步发展起来的。

农耕时代,人类开始定居;伴随工商业的发展,城市崛起和城市文明开始传播。学者们普遍认为,真正意义上的城市是工商业发展的产物。

如13世纪的地中海沿岸、米兰、威尼斯、巴黎等,都是重要的商业和贸易中心;工业革命之后,城市化进程大大加快了,由于农民不断涌向新的工业中心,城市获得了前所未有的发展。

到第一次世界大战前夕,英国、美国、德国、法国等国绝大多数人口都已生活在城市。这不仅是富足的标志,而且是文明的象征。

城市有现代化的工业、建筑、交通、运输、通讯联系、文化娱乐设施及其他服务行业,为居民的物质和文明生活创造了优越条件。但是城市人口密集,工厂林立,交通阻塞等,使环境遭受严重的污染和破坏。

城市环境是与城市整体互相关联的人文条件和自然条件的总和。包括社会环境和自然环境。前者由经济、政治、文化、历史、人口、民族、行为等基本要素构成;后者包括地质、地貌、水文、气候、动植物、土壤等诸要素。

城市形成、发展和布局一方面得利于城市环境条件,另一方面也受所在地域环境的制约。

城市的不合理发展和过度膨胀会导致地域环境和城市内部环境的恶化。城市环境质量好坏直接影响城市居民的生产和生活活动。它也是城市地理和城市规划学研究的主要内容之一。

本书通过对城市发展的考察,透过对城市经济的发展,尤其是城市工业的发展的反思,讲述环境与城市发展、城市生存、城市生命的可持续问题。提倡保护环境是城市健康发展的最主要任务,是人类进步的主要指标。

目 录

目 录

目 录

目 录

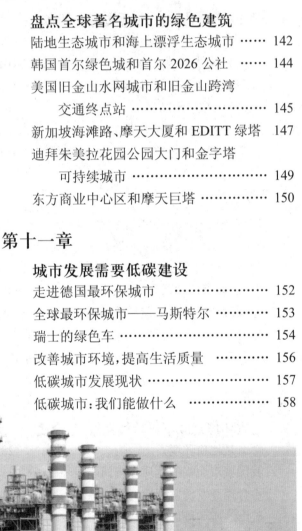

第1章 良好的水环境是城市生存的命脉

1. 命脉水源竟成"夺命"水
2. 我国近年水污染危害事件
3. 黄河流域的生态变化
4. 水源污染后的危害
5. 盘点全球各地淡水战
6. 污水处理是城市建设首要问题

▨ 命脉水源竟成"夺命"水

在日本中部的富山平原上,一条名叫"神通川"的河流穿行而过,并注入富山湾。它不仅是居住在河流两岸人们世世代代的饮用水源,也灌溉着两岸肥沃的土地,是日本主要粮食基地的命脉水源。

然而,谁也没有想到,多年后这

命脉水源竟成"夺命"水

条命脉水源竟成了"夺命"水源。

20世纪初期开始,人们发现这个地区的水稻普遍生长不良。1931年,这里又出现了一种怪病,患者病症表现为腰、手、脚等关节疼痛。

病症持续几年后,患者全身各部位会发生神经痛、骨痛现象,行动困难,甚至呼吸都会带来难以忍受的痛苦。到了患病后期,患者骨骼软化、

镉

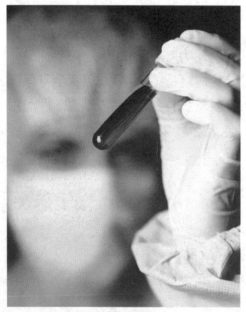

被镉污染的水

了！"有人甚至因无法忍受痛苦而自杀。这种病由此得名为"骨癌病"或"痛痛病"。

1946 年—1960 年，日本医学界从事综合临床、病理、流行病学、动物实验和分析化学的人员经过长期研究发现，"痛痛病"是由神通川上游的神冈矿山废水引起的镉中毒。

镉是对人体有害的重金属物质。人体中的镉主要是由被污染的水、食物、空气通过消化道与呼吸道摄入体内的，大量积蓄就会造成镉中毒。据记载，富山县神通川上游的神冈矿山从 19 世纪 80 年代成为日本铝矿、锌矿的生产基地。

矿产企业长期将没有处理的废水排入神通川，污染了水源。用这种

萎缩，四肢弯曲，脊柱变形，骨质松脆，就连咳嗽都能引起骨折。患者不能进食，疼痛无比，常常大叫"痛死

含镉的水浇灌农田,生产出来的稻米成为"镉米"。"镉米"和"镉水"把神通川两岸的人们带进了"骨痛病"的阴霾中。

▣ 我国近年水污染危害事件

水,意味着生命。然而,那本该奔流、本是清澈的水,有的甚至已经不再能哺育生命,却成了夺走人性命的杀手。

为了让大家更多了解水污染对人们的饮水环境造成危害,我们从近年来的报道中,选编了 2001 年—2008 年所发生的水污染事件简况,让这些水污染事件再度引起全社会的关注和重视。

2008 年广州钟落潭 41 人中毒呕吐、胸闷、手指发黑及抽筋等中毒症状。原因是饮用水受到工业污染导致亚硝酸盐超标造成。

贵州都柳江 17 人轻度砷中毒,沿河约 2 万人生活用水困难。原因是企业违法排污。

湖南辰溪县 65 人中毒,头晕、胸闷、呼吸不畅、四肢无力。原因是硫

我国污水处理厂

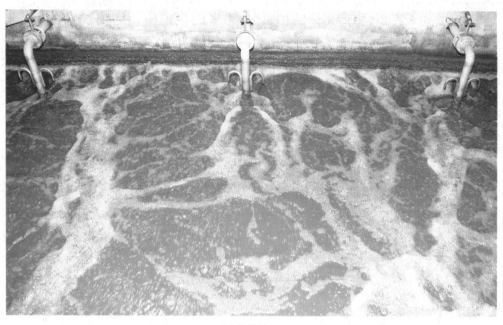

污水的排放

酸厂排污,污染地下水所引发。

辽宁阜新涉及 2 636 户居民,1 139 人到医院治疗,59 人住院头晕、腹胀、呕吐、腹泻等症状。原因是自来水总公司有关人员工作疏忽致污水污染生活饮用水。

2007 年宁夏固原 7 万多人身体

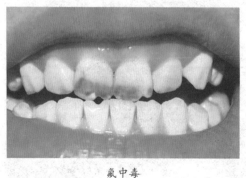

氟中毒

出现病变,发生氟斑牙、氟骨症等疾病,牙齿黄褐色甚至是黑色,严重的还有身体出现残疾,甚至终年卧病在床。原因是氟中毒。

2006 年甘肃天水市 50 名孩子集体铅中毒脸色发黄、厌食。原因是村中的两座铅锌厂污水处理不当,污染还威胁到数十万居民的生活用水。

广东吴川市大量鱼虾死亡,近 4 万群众饮用水安全受影响。原因是企业非法排污所致。

河北临西 1 人死亡、40 余人入院抢救,嘴唇发紫、呼吸困难等症状。原因是水里含有大量亚硝酸盐。

湖南株洲数千人中毒，1人死亡。原因是工厂排污造成镉中毒。

黄河流域的生态变化

在历史上，黄河流域经常泛滥成灾。据记载，2 000多年来，黄河下游溃堤达1 500多次，较大规模的改道有26次，水灾范围北至天津，南达江苏、安徽，广达25万平方千米。

近10年来，黄河源区河湖附近多年冻土区范围存在大幅度退化现象，局部多年冻土层厚度减薄乃至消失，多年冻土下界上升，且垂直上升幅度大于50米。

自1980年以来，季节性冻土最大冻结深度由原来的3.2米渐变为2.8米，出现季节性冻结深度变浅、季节性冻土厚度变薄和冻结期缩短等退化现象。

多年冻土退化使赋存于高寒草地和维系高寒草甸生长发育的多年冻土表部的冻结层地下水水位下降，从而引发和加剧了高寒草地的"三化"(退化、沙漠化、盐渍化)以及水环境变异，并认为这是导致黄河源区占主导地位的高寒草甸失水向沙漠化草地和"黑土滩"退化的主要地质原因。

黄河源区地下水类型主要为多年冻土区的基岩类冻结层上水、松散岩类冻结层上水和冻结层下水、非多年冻土区及多年冻土区融区内的松

黄河

散岩类孔隙水。

冻结层水受多年冻土层及季节性冻土层影响,水文地质复杂多变,尤其是冻结层上水的动态变化年内及年际间极不稳定。

黄河源区的主要自然生态系统多建于冻土地质环境条件之上,冻土的发育需要有可冻的水源及寒冷的条件,而近几十年来,全球气温升高等因素已使冻土环境发生变化并关系到生态环境中的水、土、热等环境条件的变化,从而导致生态环境恶化。

克,就会造成死亡。

铅造成的中毒,引起贫血,神经错乱。6价铬有很大毒性,引起皮肤溃疡,还有致癌作用。饮用含砷的水,会发生急性或慢性中毒。砷使许多酶受到抑制或失去活性,造成机体代谢障碍,皮肤角质化,引发皮肤癌。

有机磷农药会造成神经中毒,有机氯农药会在脂肪中蓄积,对人和动物的内分泌、免疫功能、生殖机能均造成危害。稠环芳烃多数具有致癌作用。

◥ 水源污染后的危害

水污染后,通过饮水或食物链,污染物进入人体,使人急性或慢性中毒。砷、铬、铵类等,还可诱发癌症。

被寄生虫、病毒或其它致病菌污染的水,会引起多种传染病和寄生虫病。重金属污染的水,对人的健康均有危害。被镉污染的水、食物,人饮食后,会造成肾、骨骼病变,摄入硫酸镉20毫

被污染的水

污染的海导致大量海鸟死亡

氰化物也是剧毒物质，进入血液后，与细胞的色素氧化酶结合，使呼吸中断，造成呼吸衰竭窒息死亡。

世界上80%的疾病与水有关。伤寒、霍乱、胃肠炎、痢疾、传染性肝类是人类五大疾病，均由水的不洁引起。

水污染使人类尤其是第三世界国家人民的生存环境不断恶化。据统计有17亿以上的人没有适当安全饮用水供应，30多亿人没有适当的卫生设备。

联合国环境规划署的一项调查指出，在第三世界由水污染引起的疾病平均每天导致的死亡人数达2.5万人。

再如1983—1984年埃塞俄比亚因植被破坏、土壤流失形成的特大旱灾使得100万人因饥饿而死亡，1991—1992年，非洲大陆12个国家持续旱灾，使得约

3 500万人濒临死亡。

因水土流失和沙漠化加重,中国古文明中心的发源地——黄河,目前年断流最长达227天,与此同时,长江由于洞庭湖等大湖泥沙淤积加速,湖体面积和容量正逐年锐减,洞庭湖1825年面积约6 000平方千米,1949年减少到4 360平方千米,到1998年长江"特大"洪灾时湖面面积仅为2 653平方千米,据此缩减速度,洞庭湖将可能在不到200年的时间内成为又一个"罗布泊",从中国自然地理图册上消失。

盘点全球各地淡水战

自古以来,人们都在和干旱、洪涝等和水有关的自然灾害做着艰苦的斗争。

加利福尼亚州克拉马斯河大坝,是加利福尼亚州克拉马斯河流上的一座大坝。这些坐落加利福尼亚州北部克拉马斯河流上的大坝不但对克拉马斯河流域的生态环境起到了重塑作用,而且还是克拉马斯河流域附近生活的人们争夺稀缺淡水资源的导火索。同时克拉马斯河中生活

土地沙漠化

加利福尼亚州克拉马斯河大坝

的鱼类也深受这些争夺水资源的困扰。

2010年2月份，俄勒冈州和加利福尼亚州的环境保护者群体、渔民群体、美国土著群体、农民群体就克拉马斯河中淡水资源利用问题达成历史性的一致意见，并决定最早于2020年开始陆续拆除克拉马斯河上的四座水电站大坝。

尽管克拉马斯河上的这四座水电站大坝为7万名当地居民提供了充足的电力，但这四座水电站大坝同时对美洲大陆上一些自然物种的生存环境造成严重损害，其中受影响最

严重的自然物种是鲑鱼。环境自然保护者群体为此发起保护计划，继续为重新恢复克拉马斯河自然环境而不懈努力。

美国加利福尼亚州水渠，主要作用是为加利福尼亚州中央峡谷地区的农田提供淡水资源。加利福尼亚州水渠是世界上最大水利设施之一。加利福尼亚水渠由加利福尼亚州调水工程和中央峡谷调水工程组成。

加利福尼亚水渠为加利福尼亚州2 200万居民提供淡水供给，并灌溉360万英亩（合14 570平方千米）的农田。

加利福尼亚水渠中的大坝同时可以起到防洪及提供水力发电的作用。但由于某些大坝工程巨大，已对美国加利福尼亚州当地水文生态系统造成严重破坏。

美国加利福尼亚州灌溉系统，对于淡水资源稀缺的美国西部城市，各地政府当局为争取更多的淡水资源经常争吵。而在世界范围内，有些国家之间因争夺淡水资源甚至会发生流血冲突事件。自从1950年以来，国家之家因争夺淡水资源而采取军事行动的大事件共有37起。

科威特海水淡化工厂，是科威特

国家内的海水淡化工厂。地球上的海洋中含有巨量的水资源，如果可对海水进行有效的淡化，可为人类提供更加丰富的淡水资源。尽管在近几十年来，海水淡化科技已经取得重大进展，并且出现类似科威特国家中的这种海水淡化工厂，但人类蒸馏和膜滤科技发展仍未成熟。

目前的海水淡化工业属于能源消耗密集型行业。海水淡化过程会产生对自然环境极为有害的高浓度卤副产品。

目前科威特、沙特阿拉伯、以色列等富裕而干旱的国家多采用海水淡化科技为国民提供淡水资源。并且这些国家的海水淡化科技处于世界前列。

南非开普敦郊区的灌溉喷头，位于南非开普敦郊区的农田中。在这块农田中生长的农作物正在享受大型灌溉系统喷洒所带来的水分。

在南非开普敦郊区，70%农作物的灌溉都是由当地人们建设的大型灌溉系统所提供。这些淡水来自

科威特海水淡化工厂

于底下含水土层、附近的湖泊及河流。

据科学家统计,农作物及家畜的成长过程需要大量的水分:收获 1 磅(0.45 千克)的小麦需要 132 加仑(合 500 升)的淡水;收获 1 磅重的大米需要 449 加仑(合 1 700 升)的淡水;收获 1 磅重的牛肉需要 17 990 加仑(合 68 100 升)的淡水。

以色列的滴灌灌溉系统,地球上的水资源 97%的是海洋中含有盐分的水分,另外仅有 3%的淡水封藏于地球冰川(包括各地山脉顶部的冰川和南北两极冰川)中。

灌溉系统

如此珍贵的淡水资源需要人类珍惜爱护,并且睿智的加以利用。这种滴灌灌溉系统可以节省农作物生长中 70%的灌溉用水。但可惜的是,到目前为止这种滴灌灌溉系统在全世界普及的面积不到 2%。

美国亚利桑那州格伦峡谷大坝,截取科罗拉多河流中的淡水后,形成 186 英里(合 300 千米)长的鲍威尔湖。

科罗拉多河中的淡水提供给美国 3 000 万民众生活所需的淡水资源。和格伦峡谷大坝一样规模的其他大型水坝,分布在地球 35%的河流之上。这些大坝所储存的大量淡水所带来的自重已经轻微改变了地球自转速度。

美国科罗拉多州枢纽灌溉系统,在科罗拉多州圣路易斯山谷农田中形成的独特枢纽灌溉系统模式。圣路易斯山谷位于海平面 7 000 英尺

(合 2 130 米)之上。尽管土壤贫瘠，但淡水资源较为丰富。

山谷中有地下泉眼、湖泊、沼泽等淡水资源。每年圣路易斯山脉顶部冰川的季节性融化为这一片地区带来丰富的淡水资源。自从 19 世纪后期，当地居住的民众一直在使用这部分淡水资源种植粮食作物。

美国纽约输水管道。每个人在日常生活中都需要淡水资源，但许多人并不生活在富含淡水区域之内，这就需要输水管道来帮助人们解决这一问题。美国纽约市中生活的 800 万民众受惠于本图展示的淡水储存输送系统。

纽约市的淡水储存输送系统网

以色列的滴灌灌溉系统

美国加利福尼亚州水渠

络由 19 个储水水库、3 个自然湖泊及 6 200 英里(合 9 980 千米)长的输送网络组合而成。19 个储水水库和 3 个自然湖泊可以蓄积 5 800 亿加仑(和 21 950 亿立方米)的淡水。

输送网络由高架渠、隧道、及管道组成。这些管道一直延伸到纽约市郊区的哥谭镇。另外,需要指出的是,在这个淡水储存供给系统中,淡水的供给流动完全依靠地球重力作用。

澳大利亚阿德莱德淡水输送管道。阿德莱德市是一座海滨城市,而淡水输送管道就是该城市重要的生命淡水供给线。

当地儿童同时也把这个淡水输送管道作为绝佳的游乐场。这条淡水输送管道起始于麦那姆,终止于阿德莱德。全长 37 英里(合 60 千米)。

1955 年,为适应阿德莱德城市日益发展的需要,澳大利亚当地政府修建了这条淡水输送管道,将墨累河中的淡水资源引入阿德莱德市。

另外,这条淡水输送管道起始建筑建于墨累河的入海口处,起到阻止海水侵染淡水资源的作用。尽管近

南非开普敦郊区的灌溉喷头

阿德莱德市

半个世纪以来,澳大利亚西北部气候正变得相对湿润,但位于澳大利亚东部的墨累河流域近几年内仍不断遭遇严重干旱天气。

▨ 污水处理是城市建设首要问题

做为一个人口大国,我国的淡水资源更显珍贵。受生活污水及工业污水的污染,我国70%河流中的淡水不适合居民直接饮用,需经自来水厂过滤后供给居民使用。

专家统计,我国每天产生的污水总量达35亿千克。污水处理是我国

美国纽约输水管道

经济发展需要解决的重要问题。

长江三峡大坝,完工于2006年5月20日,其整体建筑是美国胡佛大坝的5倍。为建设长江三峡大坝,当地居民做出了重大牺牲,大约有

1 000 万民众为建设长江三峡大坝而迁居。

但长江三峡大坝的作用可以为1 500 万长受洪水灾难的民众解决后顾之忧,并可为当地居民提供丰富的电力资源。为使长江三峡的建成对长江生态系统的破坏降到最低,我国政府已积极采取措施对长江生态系统进行有效保护。

提起灌溉系统,不得不提及我国著名的都江堰灌溉系统。都江堰灌溉系统位于四川成都,集我国古代劳动人民智慧与工程技术之大成。

2 250 年来,都江堰灌溉系统为四川人民防御洪水和保证农作物丰收立下不可磨灭的功绩。

公元前 250 年,李冰修建都江堰,成功为岷江河流的流向重新定位。自从那时起,四川这一方天府之国的民众不仅可以在都江堰的庇护之下可以利用岷江水灌溉农田,还可以利用都江堰有效抵御季节性洪水。

近年来,对许多中国人来说,获

长江三峡水电工程

都江堰

取清洁的水变得非常困难。

一家化工厂向河中倾倒酚类化合物，导致江苏省盐城市逾 20 万人连续 3 天被切断清洁水供应。在经历多年两位数经济增长及数亿农村人口涌入城市之后，中国几乎不能满足水需求的陡然增加。

中国缺乏水资源，而污染让清洁水变得更稀缺。另一个不为人知的因素是气候变化产生的效应。

中国最大的问题之一是废水。工厂和城市把大部分未经处理的废水和污染物排放至河流和湖泊中。

根据世界银行的数据，仅 2006 年的排放量就达约 53.7 万亿千克。中国的环境临管机构将中国 48 个主要湖泊认定为"严重污染"。

在从中国最大的两条河流——长江和黄柯——所提取的水样本中，有四分之一被发现污染严重，甚至不能用来进行农业灌溉。而且自来水也不完全安全，中国官方去年处理了 48 起严重的环境紧急事件。

中国的众多人口也是一个严峻的问题。中国的水资源仅为世界各国人均量的约 25%。巨大的地区差距将这一问题复杂化。中国南方拥有相对丰富的水资源，每年降雨量超过 2 000 毫米。北方的年均降雨量仅为 200 到 400 毫米。

中国提供大笔补贴，以保持水价格低廉，这使问题更加糟糕。专家称这种做法导致大量浪费。尽管中国在过去 20 年已将水的平均价格提高 10 倍多，但仍然远低于世界市场价格。全球金融危机让价格改革变得更加困难。

据世界银行统计，中国总用水量的约 65% 用于农业，但实际只有不到一半流入农田；其余的从水管里漏掉、蒸发掉，或者在灌溉途中损失。在用于工业的 25% 比例中，大部分未被回收。相比之下,发展中国家回收率平均值高达 85%。随着更多中国人涌入城市,占 10% 的家庭用水量可能会上升。

目前,中国政府正尝试用钱找到走出困境的方法。中国环境保护部的数据显示,到去年 9 月,中国已向 2 712 个水处理项目投资 74.6 亿美元。北京已着手一项耗资数十亿美元、充满争议的大型工程,从南方地区取水。但由于对环境的担忧以及约 30 万农民(由于要建造运河,抽水和净化设施,这些农民必须搬走)的

反对,该工程被延迟。

高成本限制了许多技术解决方案:例如,对含盐的水进行淡化不仅昂贵,而且需要大量能源,而能源是另一种紧缺的资源。

污水净化设备

 迷你知识卡

亚硝酸盐

一类无机化合物的总称。主要指亚硝酸钠,亚硝酸钠为白色至淡黄色粉末或颗粒状,味微咸,易溶于水。外观及滋味都与食盐相似,并在工业、建筑业中广为使用,肉类制品中也允许作为发色剂限量使用。由亚硝酸盐引起食物中毒的机率较高。食入 0.3 ~ 0.5 克的亚硝酸盐即可引起中毒甚至死亡。

砷

知名的化学元素,元素符号 As,原子序 33。第一次有关砷的纪录是在 1250 年,由大阿尔伯特所完成。它是一种以有毒著名的类金属,并有许多的同素异形体,黄色(分子结构,非金属)和几种黑、灰色的(类金属)是一部份常见的种类。三种有着不同晶格结构的类金属形式砷存在于自然界(严格地说是砷矿,和更为稀有的自然砷铋矿和辉砷矿,但更容易发现的形式是砷化物与砷酸盐化合物,总共有数百种的矿物是已被发现的。

砷与其化合物被运用在农药、除草剂、杀虫剂与许多种的合金中。

第2章 大气污染是城市环境的天敌

1. "老厂新居"木材厂的酸臭味
2. 刺鼻气味多次"袭"西安
3. 富国皮革厂散发恶臭 6 年
4. 大气污染是城市健康的隐忧
5. 不要破坏地球的生态环境
6. 大气污染对人体的危害
7. 大气污染的检测器——地衣

"老厂新居"木材厂的酸臭味

新城多半地处开阔,空气清新。但杭州余杭同城印象小区的业主们却不敢开窗,大部分时间窗户紧闭。

偶尔开一次窗,可能会被空气中弥漫的酸臭味熏翻。

酸臭味来自小区边上的一家木材厂。是风,把这股难闻的气味吹了过来。

业主们搬进小区不久就发现时

木材厂

不时会闻到一股难闻的味道,而且灰尘特别多。当时很多人家都在装修,就没太在意。等大家都装修好住进来了,这气味不但没有减少反而更频繁了。业主们一碰头,开始寻找气味源头。

最后找到了小区边上的杭州福锦人造板有限公司——一家木材制造厂,废气和灰尘就是这里产生的。

木材厂的气味是蒸煮木材产生的

为了这事儿,同城印象小区的业主们联合起来投诉、论坛发帖、成立维权 QQ 群。

余杭环境保护所、木材厂负责人专门和业主们开了一个协调会,环保所委托环评部门做了一次游离甲醛的测试,业主们也参观了木材厂,但是双方依然有许多分歧。

据余杭环境保护所介绍,这个味道主要是蒸煮木材产生的废气,主要流程是松木轧成碎片后,经过高温蒸煮,然后压制成纤维板,松木本身也有气味,高温蒸煮后产生的废气确实有味道,当风向向着同城印象小区时,那里是会比较难闻。

业主白先生参与了协调会全过程,也参观了木材厂。他说:"他们说这个气味是蒸煮木材产生的,对人体没害,但是我们不信。环评部门做了甲醛测试,是合格的,但是为什么只做这一项?协调会后,气味还是时不时有,我们是要生活在这里的,说句实在话,醋没有毒吧?但是天天让你家闻醋味,也不好受吧!"

蒸煮后的木材

环保所接到了很多关于该厂排放气体有异味的反映，他们也很重视，马上派工作人员去现场调查，请环保专家做了评测，与开发商、业主进行座谈，并邀请部分业主到厂区进行参观了解。

余杭环境保护所已邀请省环科院的专家和技术人员制定解决方案，木材厂也愿意投入资金对蒸煮废气产生的味道和粉尘进行去味去尘处理。

刺鼻气味多次"袭"西安

西安市环保局 12369 环保投诉受理中心接到市民投诉，反映在高新区等地闻到一股刺鼻怪味，有人说像消毒水味，有人说是塑料燃烧后的味，还有人说味道时淡时浓，闻后会恶心头疼。

接下来的几天里，刺鼻气味又"突袭"了南郊等地，大家担心这个怪味会对人体有危害，对环境造成污染。

接到投诉后，市环保局立即组织高新区、莲湖区、雁塔区、碑林区等相关区的环境监察人员 40 余人，兵分五路，冒雨连夜跟踪查找污染源。

一个星期以来，环境监察人员对

湿度大，云层厚的天气

逆温层阻碍空气垂直运动

异味气体评测试验

易产生污染的西安化工厂、南风日化、利君制药集团、华隆电工、西安钢厂、高新医院等重点化工、印刷、塑料加工、制药 50 余家企业的生产状况逐一检查，均未发现异常。此后，又对个体废品回收行业开展了排查，也未发现异常。

排查相关企业的同时，省市环境监测站根据市民投诉，用应急监测设备在相关区域现场监测、取样分析，并综合西安各区的大气环境自动监测子站的监测数据发现，从发现怪味后，无论环境监测人员的现场监测数据，还是监测子站的数据比对，都显示空气中各项污染参数处于正常水平，市区环境空气中未出现污染组分超标现象。

环境监测人员分析，难闻气体的形成可能与近期气象条件有关。近一段时间以来，西安连续出现闷热阴雨天气，这种南方湿润地域的气象条件对处于西北的西安来说并不常见，空气湿度大，云层厚重，太阳光线很难直接照射加热地面，导致地表空气温度比上层空气温度低，从而形成逆温。

逆温层阻碍空气的垂直运动,造成地面附近的空气无法有效扩散,像个大锅盖似的,盖在城市的上空,此时偶尔就会闻到煤烟味或其他难闻的气味。

此外,时处夏季,加上连续的闷热阴雨潮湿气候条件,各类生活垃圾的腐败速度加快,特别是大量瓜果产生的垃圾尤为突出,垃圾与废水处理设施不完备的各类餐饮饭馆厨房、流通不畅的下水道也是产生难闻气体的一个原因。

富国皮革厂散发恶臭6年

上海富国皮革公司被称为东南亚最大的皮革生产公司。在2005年就曾在生产过程中散发阵阵臭气,遭到了附近十几个居民小区的口诛笔伐,临近富国皮革的上海大学宝山校区也未能幸免。

后经环保部门检测证实,富国公司在臭气控制上未达到相关标准,其排放的臭气最高超标达2倍以上,责令其限期整改。

小型皮革厂的生产环境

但是四年过去了,情况依然未得到缓解。据上海市环保局和宝山区环保局发布的环保执法信息显示:富国皮革自2004年以来,6年时间内每一年均出现环境违规,废水处理过程中散发的恶臭气味超标排放,污染周围环境,成为群众投诉难点、热点。

环保皮革厂

上海市宝山区是国家重要的钢铁制造基地和港口,产业结构一直偏重。实属化工生产单位、皮革加工企业等相对集中,污染物的排放总量较大,对该地区的环境造成了严重的影响。尤其是富国皮革公司等单位大气污染物的排放总量较大,对本地区的环境质量及居民生活造成了严重影响。

制革业是重污染行业,近年来是我国节能减排主抓的行业之一,在2006年就迎来了国家政策的紧箍咒。

这几年我国的制革业面临着史无前例地挑战,原料皮不断涨价,出口退税取消,出口贸易壁垒等等,使制革企业陷入窘状,举步维艰。这给企业投资环保的动力明显减弱。

皮革业经过十几年的努力,在环保路上已经不断改进,不少大公司都采用国际先进处理技术,但是较小的不太正规的企业对整个行业造成的负面影响很大。

制革是皮革业整个产业链的重要部分,制革企业的环保压力也较大,环保成本都必须纳入企业的生产成本中。

上海本身城市拥挤,不太适合像皮革这样的加工业发展。

目前,上海市环保局已经开始对上大地区的环境状况进行彻查,查清环境问题的症结所在。并以环境综合整治规划为基础,研究出台大场地区化工企业调整的措施方案和实施计划,列入第四轮环保专项行动计划,将企业产品结构调整及关停、搬迁作为大场地区环境污染治理的治本措施。

◼ 大气污染是城市健康的隐忧

在辽宁中部城市群、湖南长株潭地区以及成渝地区等城市密度大、能源消费集中的区域也出现了区域性大气污染问题，呈现明显的区域性特征。

灰霾和臭氧污染已成为东部城市空气污染的突出问题。上海、广州、天津、深圳等城市的灰霾天数已占全年总天数的 30%～50%。

灰霾和臭氧污染不仅直接危害人体健康，而且造成大气能见度下降，看不见蓝天，使公众对大气环境不满。我国目前的空气质量评价指标仅包括二氧化硫、二氧化氮和可吸入颗粒物三项污染物，尚不能完全反映大气污染的实际状况，使空气质量评价结果与公众直观感受不一致。

大气污染

煤炭在我国能源消费中的比例在70%左右，是大气环境中二氧化硫、氮氧化物、烟尘的主要来源，煤烟型污染仍将是我国大气污染的重要特征。2006年到2008年，我国煤炭消费量增加了6 000多亿千克，其中火电行业增加了4 000多亿千克。预计到2010年二氧化硫排放总量仍将达220亿千克左右。

灰霾天

我国汽车保有量超过6 400万辆，汽车尾气排放成为大中城市空气污染的重要来源，使大中城市空气污染开始呈现煤烟型和汽车尾气复合型污染的特点，加剧了大气污染治理的难度。此外，我国目前的车用燃油标准与汽车排放标准还不同步，制约了我国机动车污染防治工作的开展。

温室效应、酸雨、和臭氧层破坏就是由大气污染衍生出的环境效应。

这种由环境污染衍生的环境效应具有滞后性，往往在污染发生的当时不易被察觉或预料到，然而一旦发生就表示环境污染已经发展到相当严重的地步。

环境污染的最直接、最容易被人所感受的后果是使人类环境的质量下降，影响人类的生活质量、身体健康和生产活动。

例如城市的空气污染造成空气污浊，人们的发病率上升等等；水污染使水环境质量恶化，饮用水源的质量普遍下降，威胁人的身体健康，引起胎儿早产或畸形等等。

空气污染造成空气污浊

严重的污染事件不仅带来健康问题，也造成社会问题。随着污染的加剧和人们环境意识的提高，由于污染引起的人群纠纷和冲突逐年增加。

目前在全球范围内都不同程度地出现了环境污染问题，具有全球影响的方面有大气环境污染、海洋污染、城市环境问题等。

环境污染呈现国际化趋势

随着经济和贸易的全球化，环境污染也日益呈现国际化趋势，近年来出现的危险废物越境转移问题就是这方面的突出表现。

■ 不要破坏地球的生态环境

地球的破坏给人类带来的不利影响的表现有：生态环境形势十分严峻，一是水土流失严重，土地沙化速度加快，森林生态功能衰退，草地资源退化，水生态环境系统仍在恶化；二是农业和农村水环境污染严重，食品安全问题日益突出；三是有害外来物种入侵，生物多样性锐减，遗传资源丧失，生物资源破坏形势不容乐观；四是由于我国人口规模庞大，人口自然增长率较高，导致关系到国计民生的重要资源人均占有量不断下降，资源危机显现；五是生态功能继续衰退，生态安全受到威胁，工业固体废物产生量急剧增加，大气污染排放总量仍处于较高水平，全球变暖，臭氧层破坏等等。

生态环境现状不仅给生态环境带来了巨大的破坏力，而且制约了经济和社会的协调发展。

首先，生态环境的巨大破坏给我们造成了巨大的经济损失。就拿我国每年所发生的洪涝灾害来说，一场灾难过后，成千上万的人永远离开了我们，大批大批的人无家可归，不计其数的美好家园遭到破坏，无数的良田被洪水淹没，再加上因道路毁坏所造成的交通中断等等。

其次，废水、废气、废渣等废弃物

的任意排放,导致大气、河流、土地遭到污染,生态环境遭到严重破坏,同时也严重的损害了广大人民群众的身心健康。

由于植被遭到严重破坏致使水土流失严重,土地沙漠化越来越严重,这样迫使许多农民远走他乡,而大部分又没有固定的栖身之地,这加重了社会不安定因素。其实,由于环境遭到破坏所带来的恶果还很多。

20 世纪 60 年代末开始,世界各国尤其是西方一些发达国家掀起了一场轰轰烈烈、风起云涌的生态政治运动。

自工业革命以来,尤其是 20 世纪后 50 年全球环境遭到空前严重破坏和污染,并被一些生态学家、政治家称为 20 世纪人类犯下的三大愚蠢行为之一和"第三次世界大战"。

50 年代以后,世界环境相继出现"温室效应"、大气臭氧层破坏、酸雨污染日趋严重、有毒化学物质扩散、人口爆炸、土壤侵蚀、森林锐减、陆地沙漠化扩大、水资源污染和短缺、生物多样性锐减等十大全球性环境问题。

全球生态环境的严重破坏正残酷地撕毁人类关于未来的每一个美好愿望和梦想,这一影响不仅会殃及一代、两代人,而且将影响几代、甚至

生态环境

几十代人的生存繁衍。

　　全球环境问题及生态危机从以下一些数据和事实我们就可窥见一斑。例如，目前地球上的动植物物种消失的速率较过去 6 500 万年之中的任何时期都要快上 1 000 倍，大约每天有 100 个物种从地球上消失。

　　20 世纪以来，全世界哺乳动物中 3 800 多种中已有 110 种和亚种灭绝，另外还有 600 多种动物和 2.5 万余种植物正濒临灭绝。生态学家指出，迄今为止，人类对生物多样性

绿色生态环境

的损害如要使其自然恢复至少要一亿年以上。

　　全球环境恶化的直接后果就是经济损失。据估计，我国每年因环境污染和环境破坏所造成的经济损失高达 2 000 亿人民币，这相当于 20 个唐山大地震造成的经济损失。仅 1998 年长江洪水就造成直接经济损失达 1 600 亿人民币，而每年全世界因环境污染和破坏所造成的经济损失不低于 2.5 万亿美元。

　　因此，生态学家指出地球生态系统正在遭受地球有史以来最严重的污染和破坏，全球十大环境问题已直接威胁着全人类的生存和文明的持续发展，生态危机已经超越局部区域而具有全球性质，来自于生态危机的威胁，已远远超过战争、瘟疫，保护地球家园已刻不容缓、迫在眉睫。

◤ 大气污染对人体的危害

　　大气污染对人体的危害主要表现为呼吸道疾病。各种大气污染物对人体的影响：煤烟引起支气管炎等。如果煤烟中附有各种工业粉尘（如金属颗粒），则可引起相应的尘肺等疾病。硫酸烟雾对皮肤、眼结膜、鼻粘膜、咽喉等均有强烈刺激和损害。严重患者如并发胃穿孔、声带水

大气污染

肿、狭窄、心力衰竭或胃脏刺激症状均有生命危险。

铅略超大气污染允许深度以上时,可引起红血球碍害等慢性中毒症状,高浓度时可引起强烈的急性中毒症状。

二氧化硫浓度为 1～5ppm(ppm是重量的百分率,1ppm=1 毫克每升)时可闻到嗅味,5ppm 长时间吸入可引起心悸、呼吸困难等心肺疾病。重者可引起反射性声带痉挛,喉头水肿以至窒息。

氧化氮主要指一氧化氮和二氧化氮,中毒的特征是对深部呼吸道的作用,重者可臻肺坏疽;对粘膜、神经系统以及造血系统均有损害,吸入高浓度氧化氮时可出现窒息现象。

一氧化碳对血液中的血色素亲和能力比氧大 210 倍,能引起严重缺氧症状即煤气中毒。约 100ppm 时就可使人感到头痛和疲劳。

臭氧其影响较复杂,轻病表现肺活量少,重病为支气管炎等。

硫化氢浓度为 100ppm 吸入 2～15 分钟可使人嗅觉疲劳,高浓度时可引起全身碍害而死亡。

氰化物轻度中毒有粘膜刺激症状,重者可使意识逐渐昏迷,虽直性痉挛,血压下降,迅速发生呼吸障碍而死亡。氰化物中毒后遗症为头痛,失语症、癫痫发作等。氰化物蒸气可引起急性结膜充血、气喘等。

氟化物可由呼吸道、胃肠道或皮肤侵入人体，主要使骨骼、造血、神经系统、牙齿以及皮肤粘膜等受到侵害。重者或因呼吸麻痹、虚脱等而死亡。

氯主要通过呼吸道和皮肤粘膜对人体发生中毒作用。当空气中氯的浓度达 0.04～0.06 毫克每升时，30～60 分钟即可致严重中毒，如空气中氯的浓度达 3 毫克每升时，则可引起肺内化学性烧伤而迅速死亡。

▣ 大气污染的检测器——地衣

地衣和苔藓对大气污染最为敏感，它能直观地反映出一个地区大气的污染程度，是一种实用而有效的大气污染指示植物。为此美国、日本、瑞典、英国、荷兰等国从 20 世纪 60 年代起开始利用植物对大气二氧化硫污染进行监测。

地衣是由真菌和藻类共同生活组成的有机整体。其形态基本上可分为三种类型：紧密围着于岩石和树皮上的壳状地衣、类似地钱那样的一片薄板状的叶状地衣、橡树枝状分枝的枝状地衣。地衣一般生长缓慢，数年内才长几厘米。大部分地衣是喜光性植物，要求空气新鲜、洁净无污染。

苔藓是一类小型的多细胞的绿色植物，适生于阴湿的环境。

现人们多选择附生苔藓、地衣作为二氧化硫污染的指示植物。其原因在于附生于树皮上的苔藓、地衣不受土壤条件等差异的影响，可减少多

地衣

因子分析中造成的困难。

苔藓、地衣对二氧化硫的敏感程度比一般种子植物大 10 倍。附生于树皮上的苔藓、地衣，其生长所需水分和养分，依赖于大气中的湿沉降和干沉降，因而可以直接反映大气污染程度。

苔藓、地衣系多年生绿色植物，可提供污染物长时间内的危害累积效应。苔藓、地衣分布广泛、取材容易，调查方法简便。

由附生苔藓、地衣的分布特征，可以反映大气的清洁程度。某地区大气越清洁，附生的苔藓、地衣越多；反之，污染越严重，则附生的苔藓、地衣越少，甚至绝迹。

苔藓

 迷你知识卡

植被

覆盖地表的植物群落的总称。它是一个植物学、生态学、农学或地球科学的名词。植被可以因为生长环境的不同而被分类，譬如高山植被、草原植被、海岛植被等。环境因素如光照、温度和雨量等会影响植物的生长和分布，因此形成了不同的植被。

尘肺

是长期吸入粉尘所致的以肺组织纤维性病变为主的疾病。还有人认为尘肺是粉尘在肺内的蓄积和引起的组织煤工尘肺反应。前一种定义只将粉尘引起的肺反应达到组织纤维性病变程度者列入尘肺，符合此条件的尘肺种类有限，对患者的健康影响较大。

第3章 健康的土壤是城市生存的基石

1. 大城市的"垃圾病"
2. "一天要吃半斤土,白天不够晚上补"
3. 水土流失导致黑龙江歉收 25 亿千克
4. 罗斗沙岛"被瘦身"
5. 土壤污染是城市重症
6. "耕地已死"不是耸人听闻
7. 土壤污染怎么防治

大城市的"垃圾病"

来自广州市环卫局的数据表明,2008 年广州市生活垃圾达到日产 977.6 万千克,预计到 2010 年每天生活垃圾产量将上亿千克。

目前广州主要采用三种方式处理垃圾,即焚烧、生化处理和填埋。现在大部分垃圾一般采用填埋和焚烧的方式处理。除了李坑垃圾焚烧发电每天处理达到 200 万千克,最主要的处理方式就是填埋。

城市垃圾

城市的"垃圾病"

广州市环卫局称,从 2004 年起垃圾日产量每年约递增 5%,增幅过快导致兴丰垃圾填埋场使用寿命提早 8 年结束,预计最多只能延续到 2012 年。到那时候,垃圾无处可去了。

让我们把目光转到世界工厂东莞,在这里,垃圾增长的速度也和 GDP 展开了赛跑。早在 2007 年,东莞市就决定 180 余座垃圾填埋场进行整改或封场,然而速度永远赶不上垃圾增长的速度。

东莞市召开区域环境卫生专项规划编制工作会议指出,全市日产垃圾万余吨,而市区、厚街、横沥三家垃圾焚烧发电厂的日处理能力仅 300 万千克左右,无害化处理率只有三成,未来几年内仍然依赖镇、村的垃圾填埋场。

其实遭遇垃圾困境的不仅仅是经济发达的珠三角。在北京,该市政管委主任负责人公开表示,再过四五年,北京市基本无地可埋垃圾。

在上海,生活垃圾高峰时每天可高达 2 000 万千克,且仍以每年 5% 的速度增长。

由江苏省环境科学研究院提供的南京江北垃圾焚烧厂建设环评报告简本中透露,以人均生产垃圾产量年增长率 4% 测算,2010 年南京市将日产垃圾 537.8 万千克,市区垃圾卫生填埋场将无地可埋。

虽然现在有些城市采用一层甚至两层防渗膜来防止渗透，但是由于一些有毒废物也被填埋，几十年以后，垃圾填埋场仍会污染环境。

至于垃圾里面的一些重金属由于焚烧设备运转速度较低和磁铁机吸力较弱等问题，不能被充分地分解而留在垃圾残渣里，如今垃圾残渣也不知道如何处理。

国外学者也告诫中国人不要推广垃圾焚烧，2005 年世界银行就曾发布报告警告说，中国如果过快建造垃圾焚烧厂且不限制排放物，世界范围内大气中二恶英含量会加倍。

很多专家都提出：解决城市生活垃圾问题的根本方法是在源头实现垃圾减量化，只有有效控制垃圾的增长，才不会无休止地建设垃圾处理厂。

城市生活垃圾日益增多

▨ "一天要吃半斤土，白天不够晚上补"

在很多南方人眼中，沙尘暴是一个很遥远的概念，但广州、武汉、长沙等南方大城市出现了空气质量突然变差的反常情况，这些城市的环境监测部门都初步判定，罪魁祸首就是来自于北方的沙尘暴。

气象专家都为之惊讶：沙尘能经过几千里路程，越过南岭到达广东，史上罕见！而且，据有关报道，目前我国仅有上海、台湾、香港和澳门地区没有受到北方沙尘的影响。

每年 5 月中旬，正是沙尘

垃圾

暴的多发季节。新疆是中国风沙灾害最严重的省份,中国四大沙尘暴发源地之一的塔克拉玛干大沙漠就位于新疆南部。每到春天,一场场铺天盖地的黄沙从这些发源地腾空而起,从西北到东南,席卷大半个中国。

塔克拉玛干沙漠面积约34万平方千米,是中国最大的沙漠,世界第二大沙漠。新疆自身也成为沙漠化最大的受害者。全国五分之一土地沙化,而新疆占据其中约一半。

俗话说:"全国沙漠化看新疆,新疆沙漠化看和田",新疆沙漠化最严重的地方在南部的和田地区,这里三面被塔克拉玛干大沙漠包围,一面背抵昆仑山,自然环境相当恶劣,年浮尘天气达263天。

从北向南穿越塔克拉玛干大沙漠,抵达和田地区,这里是新疆风沙灾害最严重的地区。如今,盛产美玉的河流早已干涸,一座县城被迫3次搬迁,当地人民被沙漠紧逼已无路可退,仍面临搬迁威胁。

正午时分,天空中仍灰蒙蒙一片,太阳在浮尘遮蔽下,如同月亮一般黯淡无光,远处的房屋和树木笼罩在黄沙之中,无法辨清。干燥的空气夹着细沙粒吹在脸上,灌进眼睛和嘴里。

和田地区四季多风沙,春季最甚。这里的沙尘天气分"黄风"和"黑风"两种,前者指浮尘天气,后者指沙

沙尘笼罩城市

沙尘天气

尘暴天气。每年浮尘天气 200 多天，每年浓浮尘(沙尘暴)天气在 60 天左右。和田月均降尘超过每平方千米 10 万千克。

而大风天气更是对新疆人出行造成严重不便。研究人员曾乘坐 T70 列车在哈密地区遭遇大风，火车被迫在沙漠上停留 9 小时，停止的车厢在大风中不停晃动，令人心惊。南疆地区 8 级以上大风每年最多达 9 次，历史上已发生多起大风引起的火车脱轨和颠覆事件，造成人员伤亡。

与风沙较量中，人类居住地节节败退，策勒县曾 3 次向南，向昆仑山方向后撤县城城址。策勒县城历史上曾因为风沙肆虐而 3 次被迫搬迁县城，第一次搬迁是在 2 000 年前，最近一次搬迁是在 620 年前。

当地有俗话说："和田人民真辛苦，一天要吃半斤土，白天不够晚上补"，这样的话虽然有些夸张，但张口说话几分钟，口里就灌进不少细沙，牙齿一磨咯吱响。

除了吃沙外，喝水在这里也成问题，结石病患者也比南方多。这里的生活和灌溉用水大多靠抽取地下水，

...

县城虽有自来水供应，但有时流出的是黄水，到处张贴着节水标志。附近农民靠打井解决饮水问题，但打井越来越深，五六十米甚至上百米才有地下水。

生活贫穷加剧了当地居民对植被的破坏。当地人因为生活需要，加大了天然胡杨、红柳等植物的砍伐，使绿洲与沙漠之间的这一天然植被保护过度带几近丧失，使绿洲与沙漠直接接触。为了获取低价燃料，这里灌木和半灌木丛林遭受了长期无节制的樵采。

地下水的过度抽取，再加上降水稀少，强烈蒸发条件下表土积盐，土壤盐碱化加剧，使得野生植物和草地因缺水而退化。

◪ 水土流失导致黑龙江歉收 25 亿千克

由于水土流失不断加剧，黑龙江省肥沃的黑土层正逐渐变"薄"。由于黑土层流失，全省每年少收粮食约 25 亿千克。

风沙

风沙袭击城市

土壤

黑土素以肥沃著称,是世界公认的"土中之王",非常适合植物生长。东北黑土区主要分布在黑龙江、吉林、辽宁和内蒙古4省(区)的191个县,现有耕地总面积2 200万公顷,占全国耕地总面积的17.4%,在保障中国粮食安全方面具有不可替代的

重要地位。

近年来,受滥砍滥伐、毁林毁草开荒等人为因素的破坏,东北地区山脉、丘陵涵养水源能力下降。

据黑龙江省水利厅测算,这个省黑土层厚度已由开垦之初的80~100厘米减少到20~30厘米。坡耕地每年跑水35亿~37亿立方米,跑土2亿~3亿立方米,跑肥50亿~60亿千克(以标准化肥计),每年因水土流失少收粮食25亿千克左右。

为保护黑土区生态安全和确保国家粮食安全,黑龙江省计划以黑土区水土流失综合防治为重点,修建小水库、小塘坝等小型微型水利工程,搞好小流域内山水田林路村的统筹

规划和综合治理,保水拦沙。加快以三江平原防洪治涝为重点的中低产田改造,将一批耕地建设成为高产良田。

罗斗沙岛"被瘦身"

位于南海中的罗斗沙岛为徐闻县东南沿海乡镇撑起了一扇天然屏障,附近村民靠它抵挡台风、海浪和潮水的侵袭,得以安居乐业。

然而,担当"守护神"的海岛近年来却不断"瘦身"。短短十几年时间里,罗斗沙岛面积几乎缩小一半,正在加速消失。

这一切,均缘于非法沙船的疯狂盗采。修建于 1990 年代末的灯塔约有 20 层楼高,是琼州海峡的重要助航标志。它像个卫士一样守护着渔民和村庄。多年来,渔民已经习惯看着它出海,往来的船只靠着闪烁灯光的指引躲过大大小小的浅水湾。

本应深埋在沙面之下的灯塔底基已经外露,裸露部分足有两个成人身高。不仅如此,底座上还有多条裂缝,最严重的地方有巴掌大小。

为了警示上岛游客,广东海事局湛江航标处在塔身贴有告示:"本塔由于海水冲刷,基础受到破坏,有倒塌危险,请勿靠近"。灯塔的四周,本

东北肥沃的黑土地

有一堵防止游人靠近的围墙,但如今只剩下远离海岸线的一段残垣断壁,其余三面则已经被海水冲毁。船工师傅称,本来灯塔在岛屿中部,但现在海水已经一步步向其逼近。

目前罗斗沙岛的面积减少了66.67多公顷。过去海岛高于海平面约1米多,现在的高度已经不过0.5米。正因为如此,这个矗立于罗斗沙岛的灯塔已变得岌岌可危。被海水威胁的不仅仅是灯塔,罗斗沙岛用以防风固沙的防护林也未能幸免。

海岛上随处可见被海水冲得横七竖八的木麻黄树。曾经成片的木麻黄树,只剩下少量孤寂地守望着茫茫大海。

在几年前,罗斗沙岛还一度被当地渔民誉为"鸟的天堂",白鹭、海鸥在这里栖息、繁殖。出海的渔民在岛上歇脚时可以掏到一大堆鸟蛋带回家。

在天气允许出海的情况下,每天约有30多艘采沙船在岛上和海岛周围疯狂抽沙。采沙船载重量最大1 500立方米,最小的每次也可运300立方米。

罗斗沙岛

采沙船

采沙船起先是在罗斗沙岛上直接偷采，直到岛上无沙可采后，才开始"转战"周边海域。

而随着沙石价格的逐渐升高，采沙船载重量由最初的二三十万千克到发展成现在的上百万千克。一条条采沙船如同巨型怪兽，吞噬着罗斗沙岛。

◪ 土壤污染是城市重症

这是一组让人揪心的数字：中国现有水土流失面积356.92万平方千米，占国土总面积的37.2%；中国荒漠化土地面积263.62万平方千米，超过国土总面积的四分之一；中国盐碱化土壤面积约3 690万公顷。其中受盐碱化影响的耕地总面积达624万公顷，约占全国土地总面积的

7%；中国约50%以上的耕地微量元素缺乏，耕地缺磷面积达51%，缺钾面积达60%。由于过度垦殖，土壤因有机质匮乏而导致养分状况失衡，土壤养分长期的低投入、高支出造成全国范围土壤肥力的下降。

更为严重的是，国家环境保护部此前对30万公顷基本农田保护区土壤有害重金属抽样监测发现，有3.6万公顷土壤重金属超标，超标率达12.1%。

化肥污染土壤

人们在日常生活中产生的各种生活污水和生活垃圾等，也使城乡环境受到严重污染。土地环境内的某

些因素或施加物等也会构成对其自身环境的污染，如农用塑料薄膜、农药、化肥等带来的污染。

工业排放的各种大气污染物中，以粉尘、二氧化硫和一氧化碳为主，约占大气污染物总量的四分之三；工业废水排入江河湖泊和海洋，成为污染水体的主要污染源，污水直接渗入土壤或被引用于农田，会污染土壤和农产品；工业废渣不仅占据大量的空间，而且含有有害成分，被水溶解后造成土壤污染和水污染。

受到污染的土壤，本身的物理、化学性质发生改变，如土壤板结、肥力降低、土壤被毒化等，还可以通过雨水淋溶，污染物从土壤传入地下水或地表水，造成水质的污染和恶化。

工业废水

受污染土壤上生长的生物，吸收、积累和富集土壤污染物后，通过食物链

土壤污染

进入人体，可造成对人的影响和危害。

由于人口急剧增长，工业迅猛发展，固体废物不断向土壤表面堆放和倾倒，有害废水不断向土壤中渗透，大气中的有害气体及飘尘也不断随雨水降落在土壤中，导致了土壤污染。凡是妨碍土壤正常功能，降低作物产量和质量，还通过粮食、蔬菜、水果等间接影响人体健康的物质，都叫做土壤污染物。

无机污染物主要包括酸、碱、重金属(铜、汞、铬、镉、镍、铅等)盐类、放射性元素铯、锶的化合物、含砷、硒、氟的化合物等。有机污染物主要包括有机农药、酚类、氰化物、石油、合成洗涤剂、以及由城市污水、污泥及厩肥带来的有害微生物等。

土地污染会产生严重的后果，对环境和对人体健康都是如此。通过食物链途径危害人体健康。土壤生物直接从污染的土壤中吸收有害物质，这些有害物质通过土壤参与食物链最终进入人类食物链，所以土壤是污染物进入人体食物链的主要环节。

作为人类主要食物来源的粮食、蔬菜和畜牧产品都直接或间接来自土壤，污染物在土壤中的富集必然引起食物污染，最终危害人体的健康。切尔诺贝利事件受到污染的大面积的土地被迫闲置，其原因之一就在于此。

在生态环境效应方面，土地污染将直接导致土壤性质恶化，从而使植被减少，生物多样性降低，除此之外，土地污染还可能会引起大气、地表水、地下水污染和人畜疾病等次生环境问题，威胁着生态安全和生命健康。

我们要爱护土壤

◪ "耕地已死"不是耸人听闻

工业化和城市化的快速发展不仅无情地吞噬着宝贵的土地，还无情地侵蚀着难以再生的耕地。目前，耕地的土壤质量急剧下降，土地污染尤其是耕地污染越来越严重，这不仅对中国的耕地资源造成了巨大的破坏，还对人们的身体健康造成了极大损害。

与人们司空见惯的水污染、空气污染不同，土地污染具有隐蔽性和滞后性，需要多年积累而成，难以察觉，容易被人类忽视，但危害却更为深远。土地污染后，单纯依靠土壤的自然修复，要花费几百乃至上千年时间。

我国的土地污染也已成为粮食和人民生命安全的严重威胁。我国耕地总量的三分之二都是中低产田。在土地数量不断减少的同时，由于过度施用化肥农药，采矿、工厂的重金属污染，土地质量也在加速退化。

城市虽然繁华，但土地污染却不会被厚厚的水泥板掩盖，它就在我们的脚下潜伏；农村虽然广袤，但土地

土壤污染物影响人的身体健康

污染却早已潜滋暗长，呈现星火燎原之势，它正向每一片田野蔓延。土地污染已深刻影响到农产品安全、食品安全和居住环境、人体健康，更已构成国土资源环境安全和经济社会可持续发展的重大威胁。

土地污染90%由重金属污染引起，其最直接的危害是给人们生活带来重大隐患，即生命安全受到挑战。重金属主要存在于40厘米以上的土层中，既不易转移也不易被微生物分解，植物吸收是必然的结果，最终这些重金属将通过食物链进入人体。

电池污染危害巨大

据媒体报道，职业病高发、病死率大幅上升、死亡年龄普遍提前等现象已经在很多地区显现。除此之外，因土地污染引起的重大灾难、公共卫生事件或群体性事件，也不能不让人警惕。

◩ 土壤污染怎么防治

土壤受各种有害物质污染的现象。工矿企业排出的废水，烟尘和残渣所含重金属元素和有机物，农用化学药剂中的有害成分以及有害微生物寄生虫卵等污染物质，通过灌溉，施用农药，施肥以及大气降落等途径，接触土壤，使土壤中有害物质的含量超过一定的标准，影响作物生长发育，并通过粮食和蔬菜等，间接的影响人类健康。研究土壤污染的规律，为限制和防止土壤环境的污染提供科学的依据。

客土，利用酸碱不同的其他地方土壤调整原土的离子结构；洗土，利用清洁水漫灌，让污染物向深层沉降；土壤改良剂，有吸附离子的，有分解有机物的，有缓冲作用的，看原土的污染特性；再就是生物改良，轮种特定植物，比如种百合的土碱化很严重，种两三年后就要倒一茬菠菜，土豆之类。追问土壤污染的防治应该遵循"预防为主，防治结合"的方针。

防的有，采用渠灌、喷灌不要采

保持土壤中微生物平衡

用漫灌，采用清洁水源不要污灌，农民顾不上，管哪儿来的水，进田就好了；作物轮种也是防啊。四种土粒中"粉粒和粘粒"对壤土结构起决定作用，而壤土对农业生产关系最大，所以要保持适宜壤土比例，春秋及时保墒、保证土壤有机质含量、保持土壤微生物菌相平衡，这些都是防。

依法预防：制定和贯彻防止土壤污染的有关法律法规，是防止土壤污染的根本措施。严格执行国家有关污染物排放标准，如农药安全使用标准、工业三废排放标准、农用灌溉水标准、生活饮用水质标准等。

建立土壤污染监测、预报与评价系统。

发展清洁生产，彻底消除污染源。控制"三废"的排放；加强污灌管理；控制化肥农药的使用；植树造林，保护生态环境。

农作物轮种也是土壤防治

迷你知识卡

沙尘暴

沙暴和尘暴两者兼有的总称，是指强风把地面大量沙尘物质吹起并卷入空中，使空气特别浑浊，水平能见度小于一千米的严重风沙天气现象。其中沙暴系指大风把大量沙粒吹入近地层所形成的挟沙风暴；尘暴则是大风把大量尘埃及其它细粒物质卷入高空所形成的风暴。

灯塔

建于航道关键部位附近的一种塔状发光航标。灯塔是一种固定的航标，用以引导船舶航行或指示危险区。现代大型灯塔结构体内有良好的生活、通信设施，可供管理人员居住，但也有重要的灯塔无人看守。根据不同需要，设置不同颜色的灯光及不同类型的定光或闪光。灯光射程一般为 15 ～ 25 海里。

第4章 辐射是城市健康环境的"隐形杀手"

1. 波及全球的日本核电站泄漏
2. 核辐射危害到底有多大？
3. 放射性金属棒辐射事故
4. 电磁辐射——"无形杀手"
5. 你知道热辐射吗？
6. 核污染给地球带来哪些灾难？

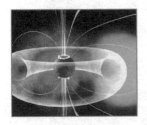

波及全球的日本核电站泄漏

日本福岛核电站泄漏的放射性物质目前已扩散至全球。亚洲多国政府和美国都报告了来自日本受损核电站的少量辐射，但这些国家均表示，辐射量对公共健康没有威胁。

美国官员说，美国南部三州已在大气环境中检测到极微量的放射性物质，这些州为南卡罗莱纳、北卡罗莱纳以及佛罗里达州。在这3州的数个核电站监测仪器检测到了微量的放射性碘-131。

消息称，内华达州、加利福尼亚州、华盛顿州、宾夕法尼亚州以及夏威夷州也检测到了极微量

的放射性同位素。

韩国国营的核安全研究所表示，包括首尔在内的几个地区监测到了放射性碘。韩国农林水产食品部说，正在监测韩国水域捕捉到的鱼类中是否存在放射性污染。

菲律宾原子能研究所首度承认已经监测到极微量的放射性同位素，但同时重申不会对人类健康造成危害。

日本福岛核电站

此外,越南、俄罗斯东部太平洋沿岸地区等地也检测到微量的放射性物质。

◤ 核辐射危害到底有多大

辐射可以指热,光,声,电磁波等物质向四周传播的一种状态。也可以指从中心向各个方向沿直线延伸的特性。自然界中的一切物体,只要温度在绝对零度以上,都以电磁波的形式时刻不停地向外传送热量,这种传送能量的方式被称为辐射。物体通过辐射所放出的能量,称为辐射能。

放射性物质可通过呼吸吸入、皮肤伤口及消化道吸收进入体内,引起内辐射,外辐射可穿透一定距离被机

辐射影响人的身体健康

体吸收,使人员受到外辐射伤害。

内外辐射形成放射病的症状有:疲劳、头昏、失眠、皮肤发红、溃疡、出血、脱发、白血病、呕吐、腹泻等。有时还会增加癌症、畸变、遗传性病变发生率,影响几代人的健康。一般讲,身体接受的辐射能量越多,其放射病症状越严重,致癌、致畸风险越大。

轻度损伤,可能发生轻度急性放射病,如乏力,不适,食欲减退。中度损

日本福岛核电站泄漏

伤,能引起中度急性放射病,如头昏,乏力,恶心,呕吐,白细胞数下降。

重度损伤,能引起重度急性放射病,虽经治疗但受辐射者有50%可能在30天内死亡,其余50%能恢复。表现为多次呕吐,可有腹泻,白细胞数明显下降。

类细胞,它们对电离辐射的敏感性和受损后的效应是不同的。电离辐射对机体的损伤其本质是对细胞的灭活作用,当被灭活的细胞达到一定数量时,躯体细胞的损伤会导致人体器官组织发生疾病,最终可能导致人体死亡。

核辐射下的城市

极重度损伤,引起极重度放射性病,死亡率很高。多次呕吐、腹泻,休克,白细胞数急剧下降。核事故和原子弹爆炸带来的核辐射都会造成人员的立即死亡或重度损伤。还会引发癌症、不育、怪胎等。

人体有躯体细胞和生殖细胞两

放射性金属棒辐射事故

哈尔滨的隋丽荣和丈夫徐元海开始装修新买的住房,13岁的女儿徐弘没人照顾,被送到了哈尔滨市建国北头道街8号楼的奶奶家。

没多久,徐元海突然接到82岁

的老母亲打来的电话："出事了，徐弘的手肿起来了。"此后，徐弘的病情进一步恶化，双手起泡、溃烂，经医院检查，血小板和白血球值很低。徐家的亲属发现，徐弘一住院病情就减轻，可回到奶奶家住上一阵病情就加重，几经反复。

铱

徐元海的母亲也突然发病。小徐弘和奶奶一起被家人送到了哈医大一院。医院给两名患者双双下达了病危通知。医生在对两人全面检查后诊断认为，她们都患上了"骨髓造血受抑症"，该病症只有受到辐射感染时才会出现。

于是，徐元海夫妇找到了黑龙江省辐射环境监督管理站。

工作人员在徐弘的奶奶家所在楼房一楼的锅炉工休息室里找到了放射源。

随后，工作人员在徐弘家测到，最低照射量率是400微仑，每向阳台跨出一步，放射值就增加100微仑，到阳台时达到了800微仑，阳台外面达到了1 200微仑。

据徐元海介绍，徐弘居住在奶奶家的几个月，每天写完作业后就在阳台上盼望着父母的到来，并把双手放在阳台边沿。徐元海夫妇来时，一般从右面的街口拐进院子，所以徐弘总是向右侧观望，因此，双手和左侧的头部经常暴露在强放射源的照射之下。

本次事故共造成4名发病患者，分别是徐弘、崔某、一楼房主白某的

对铱的研究实验

妻子和儿子,还有114名居民受到不同程度的辐射。

发现病因后,医院给已住院的祖孙俩对症下药,一楼房主的妻子和儿子也紧急住院治疗。

半个月后,徐弘和星星的骨髓功能被激活,崔某和白某妻子的病情也稳定下来。在本次事故中对居民们造成辐射的放射源名为铱-192,主要用于焊接等领域,是一种工业用的放射源。

◪ 电磁辐射——"无形杀手"

电磁污染已被公认为排在大气污染、水质污染、噪音污染后的第四大公害。联合国人类环境大会将电磁辐射列入必须控制的主要污染物之一。电磁辐射既包括电器设备如电视台、变电站、电磁波发射塔等运行时产生的高强度电磁波,也包括计算机、电视机、手机、微波炉等家用电器使用时产生的电磁辐射。

这些电磁辐射充斥空间,无色无味无形,可以穿透包括人体在内的多种物质。人体如果长期暴露在超过安全的辐射剂量下,细胞就会被大面

防辐射眼镜

积杀伤或杀死。

据国外资料显示,电磁辐射已成为当今危害人类健康的致病源之一。电磁波磁场中,人群白血病发病为正常环境中的2.93倍,肌肉肿瘤发病为正常环境中的3.26倍。国内外多数专家认为,电磁辐射是造成儿童白血病的原因之一,并能诱发人体癌细胞增殖,影响人的生殖系统,导致儿童智力残缺,影响人的心血管系统,

且对人们的视觉系统有不良影响。

在我们的日常生活中,辐射分为两种:一是天然产生的辐射。这是指人类生活环境中天然存在的辐射,包括宇宙射线、来自地表的辐射线、人体内的辐射线等。

这些辐射有的来自太阳及其它星球,而我们的身体本身也会放射辐射线。天然辐射对健康是无害的。

二是人工产生的辐射,如电脑辐射、手机辐射、家电辐射,以及医疗上的放射线等。我们在享受电磁所带来的便利的同时,也在不断受到它的负面影响。电磁辐射作用于人体,达

手机也会产生辐射

到一定剂量后,即产生生物效应,损害人体健康,其中重要的一条就是促发癌症。

日常生活中,长时间面对电脑是一大隐患,尤其是白领一族——上班

仙人球可以防辐射

第一件事是开电脑，下班最后一件事是关电脑，上班做的最多的事是坐在桌前盯着电脑。虽然目前专家认为，日常生活电器对人体并无大碍，但是站在养生的角度，我们可以从食疗和生活习惯入手，尽量减少电脑、手机辐射对我们的影响。

◣ 你知道热辐射吗？

热辐射又称红外辐射，钢铁冶金企业高温作业环境的主要特点是强热辐射性高温。特别是在钢铁冶炼、红钢热轧和中型烧结机，是典型的红外热辐射接触作业。

有研究也指出紫外线和红外线对眼及皮肤的损伤是电焊作业职业损害的一个重要方面，电焊作业时的紫外线和红外线可引起角膜和晶体损伤。

太阳光中的红外线对皮肤的损害作用不同于紫外线。紫外线主要引起光化学反应和光免疫学反应，而红外线照射所产生的反应是由于分子振动和温度升高所引起的。

红外线引起的热辐射对皮肤的穿透力超过紫外线。其辐射量的 25%～ 65%能到达表皮和真皮，8%～ 17%能到达皮下组织。红外线通过其热辐射效应使皮肤温度升高，

毛细血管扩张，充血，增加表皮水分蒸发等直接对皮肤造成的不良影响。其主要表现为红色丘疹、皮肤过早衰老和色素紊乱。

手机也会产生辐射

皮肤温度升高，毛细血管扩张充血，增加表皮水分蒸发等直接对皮肤造成不良影响。红外线还能够增强紫外线对皮肤的损害作用，加速皮肤衰老过程。使用同样的防晒产品和同样能量的紫外线强度下，在户外自

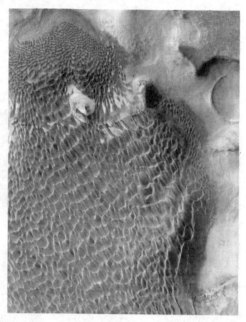

热辐射成像系统

然阳光下所测到的 SPF 值（防晒系数）明显低于在实验室人工光源下所测得的防晒效能，这是由于在自然阳光下，皮肤受到紫外线和红外线的双重作用而引起的。

红外线和紫外线在加速组织变性中的作用是一样的。红外线也能促进紫外线引起的皮肤癌的发展。

◤ 核污染给地球带来哪些灾难？

核污染是指由于各种原因产生核泄漏甚至爆炸而引起的放射性污染。其危害范围大，对周围生物破坏极为严重，持续时期长，事后处理危险复杂。

1986 年 4 月 25 日，前苏联切尔诺贝利核电站发生核泄漏事故，爆炸时泄漏的核燃料浓度高达

60%，且直至事故发生 10 昼夜后反应堆被封存，放射性元素一直超量释放。

事故发生 3 天后，附近的居民才被匆匆撤走，但这 3 天的时间已使很多人饱受了放射性物质的污染。

在这场事故中当场死亡 2 人，至 1992 年，已有 7 000 多人死于这次事故的核污染。这次事故造成的放射性污染遍及前苏联 15 万平方千米的地区，那里居住着 694.5 万人。由于这次事故，核电站周围 30 千米范围被划为隔离区，附近的居民被疏散，庄稼被全部掩埋，周围 7 千米内的树木都逐渐死亡。

在日后长达半个世纪的时间里，10 千米范围以内将不能耕作、放牧；10 年内 100 千米范围内被禁止生产牛奶。不仅如此，由于放射性烟尘的扩散，整个欧洲也都被笼罩在核污染的阴霾中。临近国家检测到超常的放射性尘埃，致使粮食、蔬菜、奶制品的生产都遭受了巨大的损失。

核污染给人们带来的精神上、心

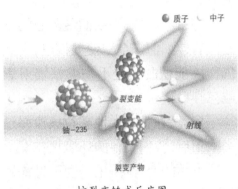

核裂变链式反应图

核反应堆

理上的不安和恐惧更是无法统计。事故后的 7 年中,有 7 000 名清理人员死亡,其中三分之一是自杀。

参加医疗救援的工作人员中,有 40% 的人患了精神疾病或永久性记忆丧失。时至今日,参加救援工作的 83.4 万人中,已有 5.5 万人丧生,7 万人成为残疾,30 多万人受放射伤害死去。

在日本国内,民众们最关心的不是以后该如何安全地使用核电,而是怎样才能摆脱无处不在的核辐射影响。

毕竟,在日本大地震致核泄漏过去一年后,我们生存的环境正在发生一些可怕的变化:海里出现了恐怖怪异的鲶鱼,形如外星生物;在电视节目中多次试吃福岛食物的日本主持人大冢范一,被诊断出患有急性淋巴

性白血病;日本的大米、奶粉也检测出辐射物。

或许日本在民众的推动下,会选择告别核电站。但在技术上,拆除一座核电站将产生大量的放射性废弃物,这无疑将是所有核工业国家需要反思的问题。

东京电力公司近日首次采用内视镜,对第二核反应堆的原子炉内部实施调查。东电通过管线输入了放射性物质计测仪器,测得炉内的辐射量达到每小时 73 希沃特,比平时定期检查时的炉内辐射量数值高出 10 万倍。

东京电力公司称,在这么高的辐射量之下停留 1 分钟,人就会呕吐。如果停留 8 分钟的话,人就会死亡。该公司称,在目前的情况下,人不可能在核反应堆的容器内工作,为了更

大亚湾核电站

长达半个世纪不能耕作、放牧

好地把握炉内的情况,很有必要研制能够抗高辐射的机械设备。

日本潜水摄影家键井靖章冒着核污染的危险,多次潜入海底拍摄震区的海底世界,记录着一年来水下所发生的恐怖变化。照片里,汽车倒卧海底,倒插在泥泞中的钢琴已瞧不出原来的形状,废墟中前日本天皇的照片还依稀可辨。不过,这些景象都远远不如那条变异的海鲶鱼,给人造成的巨大视觉冲击力。

核事故已过去一年,但核辐射并未停止,在距日本 30 到 640 千米的太平洋海域,检测到的辐射物质

核爆炸

铯-137 浓度是正常值的 10 到 1 000 倍。核辐射至少已经随着海水扩散

到了640千米以外的地区,而且仍在向更远的距离扩散。

除了海水外,该片海域的鱼和浮游生物体上也都检测到了包括铯-137在内的核物质。放射物已彻底融入了海底泥土当中深达20厘米。

眼下国内专家最担忧的,就是核泄漏事故对中国海洋环境造成的影响。灾后排放的放射性污水主体向东漂移,主要影响日本以东的西太平洋海域,但日本附近海域存在极其复杂的中小尺度涡动,会将部分放射性污水向太平洋西南方向输运,长期来看,中国海域不受影响是不可能的。

事实上,如果整个生物链中开始出现变异的DNA,全人类都是受害者,躲到南极也没用。

上世纪50年代,日本有一部电影名为《哥斯拉》,影片中塑造了一只在美国承受了核辐射后从海上出现、

放射性物质标志

放射性废弃物处理厂

核泄漏对环境造成影响

袭击都市的怪兽,眼下,形态恐怖的"鱼斯拉"已经出现了,它会不会通过食物链对人类发起"攻击"呢?

据了解,拆除一座核电站将产生大量的放射性废弃物,其根源在于核电站设计时没有考虑拆除。如何从设计方案上解决放射性废弃物问题是核工程师正在研究的课题。截至2012年初,世界各国共关闭了138座商用核反应堆。未来10年,估计至少还有80座核反应堆被关闭。

目前仅有17座核反应堆被拆除,原因在于彻底关停一座核反应堆难度高、耗时且昂贵。如果一座标准的压水式核反应堆被关停,拆除过程中将产生超过1亿千克废弃物,其中十分之一具有较强的放射性,如反应堆钢铁容器、控制棒等,关停需耗资约5亿美元。

即使到了核反应堆可以被拆除

的时候，又在何处存放放射性废弃物呢？连放射性最低的物质，如旧防护服、钢质热交换器和厕所，也必须仔细分类，送往具有特殊资质的填埋场。可是，只有部分国家有这种特定设施。

最好的解决方法是设计出不需要花几百年时间便可关停的核电站，且拆除产生的放射性废弃物的量最小化。这样，关停的时候，各种核电站的废弃物就和火电厂的废弃物一样都不具有放射性。

 迷你知识卡

电脑辐射避免方法

1.室内要保持良好的工作环境，如舒适的温度、清洁的空气、合适的阴离子浓度和臭氧浓度等。

2.电脑室内光线要适宜，不可过亮或过暗，避免光线直接照射在荧光屏上而产生干扰光线。

3.电脑的荧光屏上要使用滤色镜，以减轻视疲劳。最好使用玻璃或高质量的塑料滤光器。

4.安装防护装置，削弱电磁辐射的强度。

5.注意补充营养。多饮些茶，茶叶中的茶多酚等活性物质会有利于吸收与抵抗放射性物质。

6.电脑摆放位置很重要。尽量别让屏幕的背面朝着有人的地方，因为电脑辐射最强的是背面，其次为左右两侧，屏幕的正面反而辐射最弱。

放射性同位素

如果两个原子质子数目相同，但中子数目不同，则他们仍有相同的原子序，在周期表是同一位置的元素，所以两者就叫同位素。有放射性的同位素称为"放射性同位素"，没有放射性的则称为"稳定同位素"，并不是所有同位素都具有放射性。

放射源

用天然或人工放射性核素制成的、以发射某种辐射为特征的制品。放射源的基本特点是能够不断地提供有实用意义的辐射。习惯上常把用于γ辐射照相探伤、放射治疗、辐射加工和辐射效应研究等目的的的γ放射源，专称为辐射源。同位素能源是一种特殊形式的放射源，能提供核衰变产生的热能。

第5章 自然生态是城市环境的天然屏障

◪ 百年古碑蕴含的生态故事

"一片青山绿水"是钱江源头开化县最亮的一张金名片。进入该县，那百里清澈的江水、在日后长达半个世纪的时间里，10千米范围以内将不能耕作、放牧连绵苍翠的群山令人心旷神怡。

开化是一个有着千年历史的古县，崇尚生态保护是当地的传统，在现今依然保存的众多百年古碑中，人

钱江源头开化县

森林资源丰富的开化

们能发现这些古碑大多与生态保护有关。

开化县是林业大县，森林资源十分丰富，历代政府和民间为保护森林都采取了许多有效的措施，其中立碑禁山护林是其中最常见的一类。

在列入县经济开发区的青联村口、风景秀丽的南山脚下，有一块清朝嘉庆二十三年(公元1818年)立的禁山碑。该禁碑全文如下："立禁约三十都青山庄(注：即今青联村)，缘本村南山聚族杂木遮护水口，近年以来屡次偷砍。为此，会同众等商议，重申严禁。不许大小登山砍柴、割草挖根。自禁之后，丫枝毛草不许拔剃，永远保留。如有犯者，公议罚款一千文，存众公用，倘不遵罚，禀官判处，决不徇私。为此勒石示禁。"

从碑文中可以看出，该碑类同今天的村规民约，是禁伐林木的封山碑。古时没有专门的森林法，禁伐林木大都靠民间约束。在开化，除了对肇事者罚款、交官处理之外，还有杀猪封山、吃封山饭的习俗。即一旦发现谁在禁山区破坏林木，就要罚肇事者把家里的猪杀掉，在村里的祠堂里宴请全村人吃一天，以警示他人。

如今，开化的森林覆盖率已达80%以上。唐柏、吴樟、宋松、元楠等名树名木随处可见。县林业部门还对全县树龄百年以上的2969棵古树进行挂牌保护。

在霞山乡岩潭村的村头河岸边，有一块清朝光绪十一年间（1855年）立的"放生河碑"。这块"放生河碑"虽经百年风雨侵蚀，但字迹依然清晰，碑文写道：九都岩潭庄民余可泰……等禀称庄内溪河，上自碓坝起下至碓坝止，于咸丰年间，合庄公同议禁，毋许捕捉鱼鳞。碑文上还加盖有县衙大印的石刻，后面是村民董事的名单及捐款立碑的村民名单。

岩潭村是个一面靠山、三面环水的小村庄，村中有余、朱、舒、汪四大姓的居民，民风淳朴。一直来，村里在村头村尾的马金溪里筑起两个碓坝，相距0.5千米水路，坝下潭深十多米。村民出山靠两座跨溪而过的木桥，他们一直视潭里鱼为"神"，觉得保护它们，就保住全村的安宁。

在咸丰年间，村民下决心自行禁止在村前坝间河里捕鱼。可是好景

岩潭村

渔船闲置在河边

不长,上游有个村的村民经常在夜间用网、用鱼叉来偷捕,为此双方经常出现打架、斗殴。

到了光绪年间,岩潭村人动用了土枪、刀棍和外村的偷捕者交手,差点出了人命。不得已岩潭村人把偷鱼者告到县衙,并请示县衙审批全面禁渔,此举得到了县官的肯定,不仅严惩了偷捕者,还专门批示下一个禁捕的告示。

打赢了官司的岩潭村人非常高兴,专门筹资把县官的告示立碑置于村口。从此,不管是村里人或是外村人,只要发现谁在那里捕鱼,轻则罚

良好的生态环境

款,重则杖打。

百年古碑,见证了千百年来钱江源头人崇尚生态的辉煌历史,凝聚了开化人的生态情结。生态兴,则文明兴。

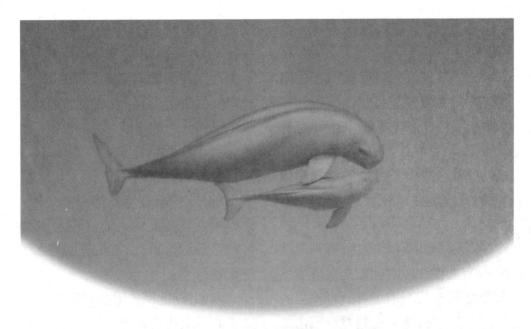

江豚的"微笑"

◤ 江豚之死

江豚有着上扬的嘴角,看起来似乎在向每一个看着它的人"微笑"。然而,面对最近一段时间以来频频出现的江豚死亡事件,这种迷人的"微笑"看起来却是如此令人忧伤。

鄱阳湖、洞庭湖及长江安庆段连续出现江豚密集死亡事件,让人们担心本来已经非常稀少的"水中大熊猫"正重蹈白鳍豚灭亡的覆辙。

江豚是长江水生物种多样性的一个典型例子,它的遭遇折射出了长江流域其他水生物种面临的生存窘境。而正是非法捕鱼、环境污染、肆

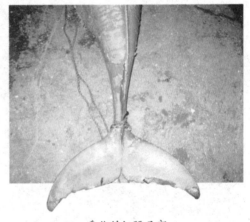

受伤的江豚尾部

意采砂等破坏水生生态的行为,把包括江豚在内的越来越多的水生珍稀动物推向绝境。

非法捕捞、水质恶化、无序采砂等行为极大地威胁着江豚的生

存环境,成为了导致江豚密集死亡的原因。

一个星期之内,渔民们在岳阳市洞庭湖水域接连打捞出 8 条江豚尸体,其中一条江豚腹中还怀有待产胎儿。

看着这些样子可爱的江豚遗体上原本暗灰色的表皮泛黄,真是不忍目睹。

关于江豚的死亡原因,各种说法不一:有人说江豚对他们生存环境感到"绝望",它们采取了"绝食自尽"的方式了结生命;也有说是螺旋桨击打致死,但并非所有江豚的尸体都有外伤。

此次在洞庭湖流域发现的 12 头死亡江豚中至少有 7 头是雌性江豚,眼下正值江豚的孕期,母豚的死亡直接导致小江豚胎死腹中。

江豚缘何频频死亡,除了与气候不正常、水位较往年低等因素之外,洞庭湖江豚饿死的可能性较大。而另一个导致江豚死亡的最大嫌疑就是灭螺行为。

湖南、湖北两省沿洞庭湖流域举办了血吸虫防治灭螺竞赛,为此湖边

死在江边的江豚

撒了很多灭螺药,有可能药与垃圾被冲入湖内造成了污染。在历史上,洞庭湖就曾因血吸虫防治灭螺不当导致过江豚的集体死亡。

江豚是水生珍稀动物

在洞庭湖当地的一些渔民看来,江豚死亡与非法捕捞、水质污染、无序采砂等有着密切关联。目前江豚的生存面临着来自人类的巨大威胁——电捕鱼、"迷魂阵"、矮围等毁灭性非法捕捞方式造成鱼类枯竭,导致江豚食物严重匮乏。

作为国家二级保护动物,江豚是世界自然基金会确定的13个全球旗舰物种之一,分布在长江中下游一带,以洞庭湖、鄱阳湖以及长江干流为主。它与白鳍豚是长江中的一对难兄难弟。随着白鳍豚于2007年被宣布功能性灭绝,江豚就成为我国淡水水域唯一的胎生哺乳动物。

近20年来,长江江豚种群量快速衰减,科学家们甚至担心,长江江豚或将重蹈白鳍豚"功能性灭绝"的覆辙,成为下一个灭绝的淡水豚类。

◩ 美国水坝与生态纷争的故事

科罗拉多河是世界上一条河中大坝最多的河。大河从美国北方的高山森林中流出,经过美国的7个州,再经墨西哥两个州后入海。这里曾是美洲狮子统治的领地。过去200年来,人们用大坝改造了河流,创造了自己的幸福和财富。

世界上大坝最多的河——科罗拉多河

在很久的时间里，很少有人意识到科罗拉多河伟大的另一面，即它创造了整个流域极不寻常的生态和生物多样性价值，而那正是人类生命的源泉。让人感受最深的就是水坝与生态、发展与保护在中美两个不同国家的巨大反差。

其实，大约50年前，美国人自己也发现无意间铸成了大错——太多的大坝使上游干涸，河口三角洲变成荒漠，越来越多的物种消失，很多鱼类濒临灭绝。于是，"把河流还给自然"的理念像春风一样吹遍全美。

在科罗拉多的波德市，大自然保护协会的淡水保护专家罗伯特向我们展示了一幅全球河流和淡水湖泊生态地图。罗伯特说，他们的目标是在2020年实现对100万千米河流的保护，让它们健康流淌。

显然，这是一个全民总动员的成果——几乎社会所有方面都加入其中，大自然保护协会联合了当地政府各有关部门，联邦政府森林和渔业部门、土地管理局、水电认证机构以及水领导联盟等。他们动员消费者选择得到认证的水，抵制对生态及环境造成损害的水供应商。

科罗拉多河从高山发源流入盆

科罗拉多河

科罗拉多河有45个不同的生态系统

地,流经很多不同的生态系统,灌溉着233万多公顷农田,为凤凰城、拉斯维加斯、丹佛、盐湖城等很多大城市提供水源。大自然保护协会的科学家选定了优先保护的河流及流域,先以精细的科学过滤法,再用粗疏法确定依靠河流生存的特有物种和它们的栖息地,按生态系统进行分类。

科罗拉多河有45个不同的生态系统,科学家对其中的土壤成分、海拔、鱼类、微生物、水生植物、地形变化、雪山冰川、水源、河面宽度、生态状况等进行统计、比较和分析,发现上游保护得不错,下游则问题较多。他们制作了河流康复模型并作出预算,针对筹集到的850万美元制定出保护实施方案。

在科罗拉多河上,大自然保护协会和水电公司只拆了一座大坝,他们更多地把重点放在既让大坝运营发电,又能让建坝后的河流模仿生态流,从而让鱼类随河流汛期的自然流淌,自由自在地繁衍生息上。

在这座约228.6米的大坝下边,我们能清楚地看见5米多深水里那些身长1米左右的棕鳟鱼和彩虹鳟鱼快乐地嬉戏着。

据说这水库下游的绿缎带河是全美钓红鳟鱼最好的地方。但电站从不捕鱼,同时规定钓鱼者也只能在大坝下游1千米之外垂钓。

绿缎带河是全美钓红鳟鱼最好的地方

为了拯救四种鱼

科罗拉多河里生活着科罗拉多鲭鱼、科罗拉多米诺狗鱼、弓背鲑和剃刀背胭脂鱼四种濒危鱼类。这四种鱼的照片在科罗拉多随处可见。它们的生存状况和种群数量被视为科罗拉多河生物多样性恢复好坏的一个主要指标。也是大自然保护协会科罗拉多办公室的工作重点。

多年前,在大自然保护协会的请

求下,大坝经营者保持了水的流量和鱼的通行。特别是在每年春汛期,坝主会按科学家的建议,抬升坝前水位,让包括四种濒危鱼类在内的各类鱼群轻松游过,去寻找自己理想的产卵地。

弗莱明峡谷大坝是1958年建设的。据说建坝之前的50年内,洪涝灾害频繁,在电站的环保宣传展厅里,很多老照片记录着当年的悲剧,那里发生过两次特大洪水,在这样人烟稀少的地方,竟也有数十人遇难。沿河城镇和房屋皆被冲毁,人们逃离家园。

大坝运行以来,虽然当地再也没有发生过洪灾,但是河里的鱼却越来越少,到上世纪70年代,监测数据表明这四种科罗拉多河特有的鱼已经减少了99%,剩下的1%几乎没有种群繁衍的可能。

鱼类专家说,鱼类濒临灭绝的原因是大坝阻断了它们的产卵洄游通道,改变了自古以来自然的产卵场,静止的水流没有了不同季节的汛期,鱼儿得不到产卵信号,而且大坝底部的水温极低,鱼妈妈们不得不拼尽气力游到很远的温暖水域产卵。

一份由联邦政府垦务局、TNC及多个保护组织参与制定的文件《选择性放水结构运行规定》规定:冬天水库放水温度不得低于6摄氏度,夏天不得低于18摄氏度;在基础流阶段,所放的水不能比自然水温低过5摄氏度。这样的做法延续至今,到1992年,人们就已经看到了成果,即四种鱼都明显地增多了。

这个故事来自相对保守的美国中西部,这里被普遍认为是"不环保"、"最自以为是"的人最集中的地方。然而我们看到的却是他们在30年前就如此负责任地拯救濒危的四种当地特有鱼种,不禁令人感慨。

◣ 我国草原生态严重恶化

目前我国严重退化草原近1.8亿公顷,且以每年200万公顷的速度继续扩张。虽然近年国家加大投入,实施了一系列草原生态治理和保护建设项目,但草原生态恶化的局面没有得到有效遏制。

锡林郭勒盟2006年退化、沙化草场面积已达近1230万公顷,占可利用草场面积由1984年的48.6%扩展到64%。西部荒漠化草原和部分典型草原约有近500万公顷"寸草不生"。进入上世纪90年代至2002年

草原退化

间,浑善达克沙地流动沙丘面积每年增加 1.43 万公顷。

锡林郭勒盟草原生态屏障的作用明显削弱,成为威胁首都和华北地区生态安全的重要沙源地。

甘南州及玛曲县 90%以上的天然草原都不同程度地存在退化现象。全州重度、中度退化面积分别达 81.34 万公顷和 136 万公顷,分别占天然草场面积的 30%和 50%。玛曲县境内 100 多眼泉水和 11 条黄河支流常年干涸,补给黄河的水量比 80 年代减少 15%左右。玛曲草原对黄河"蓄水池"的水源涵养功能和黄河水量的补充作用正在削弱。

堪称我国"条件最好草原之一"的呼伦贝尔草原,近年也出现不同程度的退化、沙化和盐渍化现象。据 2005 年调查结果显示,陈巴尔虎旗境内的呼伦贝尔草原退化、沙化、盐渍化"三化"总面积达 71.34 万公顷,占全旗草原总面积的 47%。呼伦贝

尔大草原"风吹草低现牛羊"的美景已变为"浅草才能没马蹄"的窘境。

目前我国严重退化草原近 1.8 亿公顷,并以每年 200 万公顷的速度继续扩张,天然草原面积每年减少约 65 万至 70 万公顷,同时草原质量不断下降。约占草原总面积 84.4% 的西部和北方地区是我国草原退化最为严重的地区,退化草原已达草原总面积的 75% 以上,犹以沙化为主。

昔日的呼伦贝尔草原

绿色植物是城市的"绿肺"

自然生态系统是由多种成分构

锡林郭勒盟草原

自然的生态系统

绿色植物是城市的"绿肺"

成的,其中,除了地球能量的主要来源阳光以外,还包括空气、水和土壤等非生物成分以及植物、动物和各种微生物等生物成分。因此,在城市中应该容留、配置多种多样的生物群落,并相应地营造多样化的生物栖息环境。

绿色植物是生态系统中太阳能的第一个固定者。它一方面吸收、利用人类呼吸和工厂、汽车等排放的二氧化碳,另一方面释放出人类生存所需要的氧气,被视为城市的"绿肺"。

近20多年来英国各大城市中已创建了众多极具生态意韵的自然保护区,其中最典型的就是伦敦坎姆雷大街自然公园。这个公园占地 0.9公顷,原先只是一个废弃的火车站。

花了四年时间,在这里种植了乔木、灌木和各种花卉,铺设了草地,堆起了沙丘,还建造了一个人工池塘,种上了芦苇。

多种多样的生态群落,吸引了大量野生生物,现记录到的已有350种植物和200多种无脊椎动物,还有大量两栖动物、小型哺乳动物、昆虫和鸟类等在此定居,成为一个引人注目的野生动植物乐园。

自然生态系统中的物质和能量,是通过它们在系统内的循环、流动而被多次、反复地利用的。这里没有无用的废物,也没有仅供一次利用的能源。这些特征使得生态系统成为一个高效能的系统。

巴西的库里蒂巴市开展了一项名为"不是垃圾的垃圾"的计划,每天回收利用的纸张相当于用大约 1 200 棵树木生产出的纸张量。那里的市民可以用废纸、破布等换取乘坐公共汽车的代用票和小孩上学用的笔记本。过去 3 年内,该市 100 多所学校的学生已经用大约 20 万千克垃圾换回了近 190 万个笔记本。

学习和运用自然生态系统那种高效能和最佳结构来规划和建设城市,人类就一定能更好地解决经济发展和生态平衡、生活水平和生活质量、局部利益和长远利益之间的矛盾冲突,使自己的生活空间变得更美满和谐,更富有生机。

生态群落吸引了大量野生生物

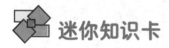 **迷你知识卡**

洄游

是鱼类运动的一种特殊形式,是一些鱼类的主动、定期、定向、集群、具有种的特点的水平移动。洄游也是一种周期性运动,随着鱼类生命周期各个环节的推移,每年重复进行。洄游是长期以来鱼类对外界环境条件变化的适应结果,也是鱼类内部生理变化发展到一定程度,对外界刺激的一种必然反应。通过洄游,更换各生活时期的生活水域,以满足不同生活时期对生活条件的需要,顺利完成生活史中各种重要生命活动。

无脊椎动物

背侧没有脊柱的动物,它们是动物的原始形式。其种类数占动物总种类数的 95%。分布于世界各地,现存约 100 余万种。包括棘皮动物、软体动物、腔肠动物、节肢动物、海绵动物、线形动物等。

第**6**章 "固废"是污染城市环境的顽疾

1. 先秦的环保思想
2. 什么是固体废物?
3. 警惕"黑色杀手"
4. 广东贵屿——电子垃圾"金三角"
5. 一瓶水是怎么卖出高价钱的?
6. 变废为宝——世界各国处理垃圾有奇招

◤ 先秦的环保思想

　　我们的祖先在生存斗争中十分注意改善环境与保护环境。"精卫填海"、"大禹治水"、"女娲补天"就属于以神话传说形式流传下来的这一类活动。有文字记载的最早的保护环境者当数黄帝:黄帝"时搏百谷草木,淳化鸟兽虫蛾,旁罗日月星辰水波土石金玉,劳勤心力耳目,节用

大禹治水石刻

水火材物。"

据载，大禹具有良好的生态保护意识，"禹之禁，春三月，山林不登斧，以成草木之长；夏三月，川泽不入网罟，以成鱼鳖之长。"

周文王临终之前嘱咐武王要加强山林川泽的管理，保护生物，因为国家治乱兴亡都要仰仗生态的好坏。显然，古人已经懂得在向自然界索取资源时，一定要有节制，要注意时令，要按一定的季节进行捕鱼、猎兽的生产活动。

公元前11世纪，西周王朝颁布了《伐崇令》："毋坏屋，毋填井，毋伐树木，毋动六畜。有不如令者，死无赦。"这是中国古代较早的保护水源、动物和森林的法令。

周景王二十一年，鉴于国库吃紧，国家打算铸金币。卿士单穆公表示反对，认为单靠铸钱币的办法并不能解决国库亏空的问题，因为铸钱所需金属原料要靠挖掘山林而得。

儒家有"天有好生之德"

周文王

被砍伐得满目疮痍

思想。孔子说："天何言哉？四时行焉，百物生焉"（《论语·阳货》)，这里所谓的天是指生生不已的自然之天，人、天、地、万物与自然都是一体的，保持和谐相通。

在中国古代文献中，不光有保护环境的思想，还记载有严格执行环境保护法令的故事：有一年夏天，鲁宣公到泗水撒网捕鱼，大夫里革出来干涉，说根据祖先规定的制度"夏，三月川泽不入网略"（在每年夏天鱼类生长季节不能到河里捕鱼），鲁宣公的做法违反了古制。

古代中国是以农立国，所以封建统治阶级不能不重视自然环境的保护。

山林河川若是破坏了，民众就被迫流亡，统治者也就统治不下去了。所以齐国宰相管子把自然保护提高到作为人君是否有资格进行统治的一个条件。

管子保护环境的思想和措施是从发展经济、富国强兵的目标出发的。管仲保护山林泽川的禁令是非常严厉的。可见保护环境必须以法律的手段来实施才可有效。

◨ 什么是固体废物？

凡人类一切活动过程产生的，且对所有者已不再具有使用价值而被废弃的固态或半固态物质，通称为固体废物。各类生产活动中产生的固体废物俗称废渣；生活活动中产生的固体废物则称为垃圾。

"固体废物"实际只是针对原所有者而言。在任何生产或生活过程中，所有者对原料、商品或消费品，往往仅利用了其中某些有效成分，而对于原所有者不再具有使用价值的大多数固体废物中仍含有其它生产行业中需要的成分，经过一定的技术环节，可以转变为有关部门行业中的生产原料，甚至可以直接使用。

可见，固体废物的概念随时空的变迁而具有相对性。提倡资源的社会再循环，目的是充分利用资源，增加社会与经济效益，减少废物处置的数量，以利社会发展。

固体废物是指人类在生产和生活活动中丢弃的固体和泥状的物质称之为固体废物，简称固废。

固体废物的种类很多，通常将固体废物按其性质、形态、来源划分其种类。如按其性质可分为有机物和

固体废物循环再用

固体废物

家电废弃物

无机物；按其形态可分为固体的(块状、粒状、粉状)和泥状的；按其来源可分为矿业的、工业的、城市生活的、农业的和放射性的。

此外,固体废物还可分为有毒和无毒的两大类。有毒有害固体废物是指具有毒性、易燃性、腐蚀性、反应性、放射性和传染性的固体、半固体废物。

警惕"黑色杀手"

危险废物目前主要有 23 大类。主要包括有:含氰废物,含多氯联苯废物,废杀虫剂、除草剂、杀菌剂,含有铍、六价铬、砷、硒、镉、锑、碲、汞、铊、铅及其化合物的废物,含钼、锌化

杀菌剂

合物的废物,石棉废物,废酚和酚化合物,醚类废物,废有机卤代化合物,废无机氟化合物,废金属羰基化合物,含有环芳烃废物,废有机溶剂,废卤代溶剂,废油和乳代液。

从精炼、蒸馏、热解处理中产生的废焦油状残留物,从油墨、染料、颜料、油漆的生产、配制和使用中产生的废物,从树脂、胶乳、增塑剂、胶膈剂的生产、配制和使用中产生的废物,废药物、废药品和临床废物,从住家收集的电子废弃物等废物,从焚烧住家废物产生的残余物,工业垃圾和污泥。

报废的电动车铅酸电池其污染危害日益突出,继"白色污染"(不可降解塑料废品)以后,被人们称为21世纪的"黑色污染"。

报废的电动车铅酸电池属于含有难消解金属溶液的电池,这些电池的酸液如果随意排放,不但会严重污染土壤和水源,对环境、生态平衡造成破坏,使土地使用功能遭到永久性破坏,对空气和生态平衡也会带来恶劣影响,还会引发人体代谢、生殖及神经等方面的疾病,严重威胁人体健康。

如何应对在有些城市已经出现的私自回收和处置报废电池,从而导致报费电池回收更加无序和污染无法控制的现象发生。

专家认为,在现阶段应当采取政

工业垃圾严重污染土壤和水源

固体垃圾的处理

废旧电池

动自行车废铅酸电池综合再生利用回收系统。

包括废旧电池在内的所有电子废弃物的回收,光靠一个行业或是一个规定是不够的,它是一个社会工程,需要依靠全社会的力量,才能完成。

◤ 广东贵屿——电子垃圾"金三角"

中国广东的贵屿是国内乃至世界最大的电子废物拆解处理集散地,是电子废弃物的终点站,也是有毒电子产品对环境造成不可逆污染影响最明显的受害地之一。由于地处潮

府推动和市场化运作相结合、监管处罚与鼓励扶持相结合的途径,才能逐步形成始于铅酸电池生产源头,终于再生铅用户企业的封闭循环式的电

阳市、普宁市和揭阳市交界处，是典型的"三不管"地带。最重要的是，贵屿镇处于粤东练江的西岸，同时又是一片低洼地的中央地带，属于严重的内涝区，农业生产基本没有保障。

面对如此的生存压力，贵屿镇的农民在20世纪上半叶开始在临近的地区走村串巷，收购鸡毛、鸭毛、废旧铜铁等，涉足各种各样的废旧品收购。到上个世纪80年代，贵屿已经有大量参与这个行业的农民。说到贵屿人，潮汕人的第一反应就是"收破烂的"。

在上个世纪80年代末期和90年代初，贵屿开始涉及旧五金电器的拆解生意，由于获利丰厚，整个行业规模逐渐扩大。随着时间的推移，他们从最初的将电子垃圾简单分类，逐步发展到贵重金属提取。

而就在此时，国外的电子垃圾通过深圳、广州和南海的转运点，开始大规模进入贵屿。传统的收旧利废行业在90年代初真正发展为贵屿人的主业：大面积的土地开始抛荒。

电子垃圾

从上世纪 90 年代初至今，近 20 年的时间里，一方面，贵屿镇居民的金钱拥有量像他们分解的电子产品一样越来越多，另一方面，贵屿镇人的健康每况愈下。

需要分解和电子垃圾

一瓶水是怎么卖出高价钱的？

河水、湖水、井水、冰川融水等，全球分布着无数水源。在灾难性的水危机还没有蔓延到全人类的今天，水是最普通的事物之一。它走过大碗茶、凉开水的时代，而今瓶装水又成为商场陈列中再平凡不过的商品。

把水装在瓶子里，对人们来说最大的好处是方便，这一需求价值在绝大多数消费者心目中大致为 1 元、2 元。随着同质化的加剧，瓶装水品牌的竞争越来越激烈，为了解决这一问题，众品牌纷纷瞄准高端，通过提高

瓶装水

水的价格来扩大利润空间。

让消费者用啤酒甚至葡萄酒的价格买下一瓶水，要给他们一个什么样的理由？

在营销招数上都不约而同地举起故事的大旗，为产品添加传奇、浪漫或神秘的故事，用以支撑价格。故事营销在高端瓶装水市场甚嚣尘上。

从 5 元、10 元，到几十元上百元，从国内的九千年、西藏 5 100 到国外的依云、Voss，几乎所有的高端瓶装水都要讲一个关于水源的故事。

俄罗斯 K 卡-7："水源形成于距今 6 500 万年左右的白垩纪时代。"

珠峰冰川："取自世界最高峰的天然矿泉活水。"

西藏 5 100："取自西藏 5 100 米，水源地泉水温度常年保持在 23 度左右。"

九千年："水源地在四川省阿坝州黑水县境内。水龄为 9 610 年，是上亿年冰川底层的融水，当今世界已测定的水龄最长的原生态冰川泉水。"

斐济："欧洲的瓶装水含钙太多，虽然这样对骨骼有益，但是味

矿泉水的价值

蕾却会感到不适。而斐济的水产自火山岩地区，含钙较少。"

史前1万年："地球上最古老的水源。"

王岛云雨："产自澳大利亚塔斯马尼亚岛，那里拥有世界上'最干净的空气'，雨水自然清洁无比。"

420Volcanic："产自新西兰班克斯半岛的一座死火山脚下，保证从未被污染。"

Voss："源于挪威南部的一片净土，是地球上可寻找到的最纯净的水源之一。从那里源源流出的天然水矿物质含量低，不含钠，并且口感无与伦比。"

此时消费者通过购买获得的不只是产品的物质形态，更多是品牌故事带来的情感体验。

而归根结底，他们打的是自然生态的牌。

◪ 变废为宝——世界各国处理垃圾有奇招

1998年，美国总统克林顿发布

总统令,要求各联邦机构和军队必须购买回收纤维生产的纸张,以强化废品回收,加速回收利用业的发展。

很快,美国提出了"掀起一次废物利用回收的效率革本命"的口号,并开始着手实施"增设 6.7 万个路边拾荒站为 90%的人口服务"的计划,其回收利用工厂即由 9 家增至 35 家,而世界上最大的废弃物处理公司美国 WASTEMANAGEMENT 公司的年销售额也很快达到了最高峰——110 亿美元。

最难能可贵的是,美国把处理垃圾作为了一种规范的环保产业来运作。洛杉矶市场信息立法规定,向产生垃圾的个人和企业收取垃圾处理费,居民每户每月缴纳 12 美元,商业和企业单位按建筑面积每 30 平方米缴纳 42 美元。

垃圾清扫运输公司通过中标获得该市范围内 20 万户居民约 100 万人、1.4 万个商业用户的垃圾收集、运输经营权。由其向管辖范围内用户收取垃圾处理费。洛杉矶垃圾清扫

垃圾处理中

运输公司在全美已获得几个地区的垃圾清扫、收集、运输经营权。

其洛杉矶分公司目前有近 500 多职工,有 320 辆使用天然气的垃圾自动装卸车,每辆车 25 万美元,有各类垃圾桶 75 只,平均每只 45 美元,固定资产在 1 亿美元以上。

该公司垃圾清洁工的年薪在 4～5 万美元,相当于一个博士的年收入,但每周需工作 40～50 小时。

该公司每周定期派车到居民家和企业单位上门收取垃圾一次,将废纸、塑料、玻璃、金属等可以利用的物质分拣后销售,其中有大量废报纸被销往中国。

余下的不可利用的垃圾被运至垃圾填埋场作卫生填埋处理。垃圾清扫运输公司须向垃圾处理场缴纳每吨 22 美元的垃圾处理费。正是有这样一种缴费、收费的资金运作体制,确保了污染物的无害化处理和循环利用,也确保了环保投入、产出效益和环保产业的健康发展。

此外,美国在通过加工包装超级市场卖的鱼、肉、蔬菜而尽可能避免产生更多家庭垃圾的同时,又通过在现有垃圾中提取可供重新利用的物质的新方法,努力使垃圾变废为宝。

日本利用垃圾分类法,将包括家具、自行车、大型电器、摩托车在内的

垃圾填埋处理

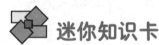

垃圾车

"大型垃圾"集中分成一类,送到市区政府所辖的物资交换处,供居民们自由交换。同时,他们又将包括菜头、果皮、纸屑、烂布在内的"可燃垃圾"集中成一类,利用其焚烧的余热进行发电,并为此建成了装机容量为120万千瓦的30座垃圾电站。

多种家庭垃圾处理器已经被开发出来。这些家用垃圾处理器大都采用微生物分解法把生活垃圾换成有机肥料,有些还具有除臭功能。它们的垃圾处理能力一般在每天 1.5 至 3 千克左右,最高的可达每天 10 千克。

在日本,生活垃圾处理器与餐具洗涤干燥机、电磁感应加热烹调器一道,被称为 21 世纪的"三大件",已经出现迅速普及的趋势。

据统计,目前日本制造家庭用垃圾处理器的企业已有 250 余家,制造企业用垃圾处理机的企业超过 270 家。其他一些公司也在尝试变废为宝。

迷你知识卡

电子垃圾

电子废弃物俗称"电子垃圾",是指被废弃不再使用的电气或电子设备,主要包括电冰箱、空调、洗衣机、电视机等家用电器和计算机等通讯电子产品等的淘汰品。电子垃圾需要谨慎处理,在一些发展中国家,电子垃圾的现象十分严重,造成的环境污染威胁着当地居民的身体健康。广东的贵屿镇是我国民间电子垃圾回收分解最为集中的地区,当地人由此获得丰厚收益的同时也面临着极为严重的污染威胁。

铅酸电池

是一种电极,主要由铅及其氧化物制成,电解液是硫酸溶液的蓄电池。铅酸电池荷电状态下,正极主要成分为二氧化铅,负极主要成分为铅;放电状态下,正负极的主要成分均为硫酸铅。

第7章 保护环境是城市建设的主要任务

1. "卫星上看不见的城市"
2. 环境污染影响健康
3. 生物性污染和化学性污染
4. 被遗弃的战争垃圾
5. 敬畏大自然是人类的责任
6. 我们只有一个地球

"卫星上看不见的城市"

如果说人口"爆炸"是人类面临的第一个挑战，环境污染日益严重则是人类面临的第二个挑战。

近一个世纪以来，化石燃料的使用量几乎增加了30倍。目前全世界每年向大气中排放的二氧化碳约210亿吨，由于二氧化碳等引起的"温室效应"，使全球气候明显变暖。科学家预测，到下世纪中叶，地球表面平均温度将上升1.5 ~ 4.5摄氏度，从而导致南北极冰雪部分融化。

加上海水本身热膨胀，就会使世界海平面上升25 ~ 100厘米，一些地势低洼的沿海城市将葬入海底。

温室效应导致冰川融化

蝗虫灾

地球上的许多平地,如北京、上海、伦敦、纽约等城市全部被淹没掉。数亿沿海居民将被迫迁居。同时地球变暖将使不少国家和地区干旱少雨,虫害增多,农业减产。

1987 年美国大气保护研究中心的调查表明,目前美国直接受到酸雨危害的居民达 3 000 万以上。美国每年直接损失费用达 150 亿美元之多。

欧洲国家被酸雨损害的森林已超过 50%。

由于森林的破坏,到 2000 年世界残存的物种将下降到现存总数的五分之一至四分之一,这是一种不可恢复的生态灭绝。

酸雨使土壤、湖泊、河流水质酸化,使水生生态恶化,危害农作物和其他植物生长。据统计,我国每年有近 260 多万公顷农田遭受酸雨污染,使粮食作物减产 10%左右。

仅广东、广西、四川和贵州四省区,因酸雨危害每年直接经济损失 24.5 亿元,间接生态效益损失更大。同时,酸雨还腐蚀建筑材料,严重损害古迹、历史建筑、雕刻、装饰以及其他重要文化设施,由此造成的损失难以估计。

酸雨腐蚀建筑

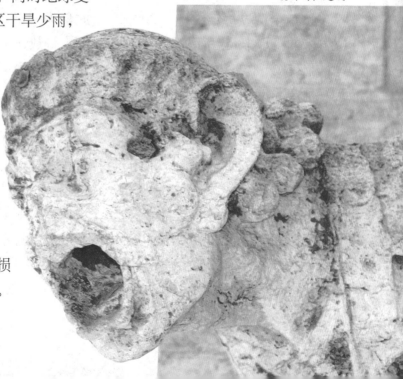

水质酸化检测

目前全世界每年约有 4 200 亿立方米的污水排入江河湖海，污染了 5.5 万亿立方米的淡水，这相当于全球径流总量的 14% 以上。由于水质污染导致发病率上升，水生物死亡。

水污染导致的引用水危机正席卷着全球。约有 18 亿人由于引用污染的水受到疾病的威胁。每天约有 2.5 万人死亡与饮用受污染的水有密切关系，发展中国家儿童死亡的五分之四归因于和水有关的疾病。

据 1991 年统计，我国废气年排放量为 11.3 亿标准立方米，废气中烟尘排放量为 161.5 亿千克，二氧化硫排放量为 184.4 亿千克，其他有害气体 10 亿千克左右。许多城市均超标准数倍。

在全球 41 个城市参加的大气总飘浮颗粒物浓度的监测中，我国的北京、上海、沈阳、广州、西安五个大城市全部进入前 10 名的行列。由于污染，城市上空烟雾弥漫，能见度降低，晴天减少，烟雾日增多。污染严重的本溪市被列为"卫星上看不见的城市"。

◤ 环境污染影响健康

严重的大气污染,直接危害着人民的身体健康。1991 年我国人口总死亡率为十万分之六百七十,比上年增加 0.5%。国内外研究表明,癌病与环境因素有一定关系,尤以肺癌与大气污染最为明显。目前癌症已成为我国城市居民死亡的首位原因,大城市癌症死亡率为十万分之一百二十九点九,中小城市为十万分之一百零四。而在癌症中以肺癌死亡率最高。

肺癌高发区大多集中在工业发展较早、经济密度较高、大气污染较

大气污染

被污染的环境

白色污染

重的地区。在农村,癌症死亡率占总死亡率的比重也在逐年增加。呼吸系统疾病是农村地区居民死亡的首位原因,而大气污染则是呼吸系统疾病尤其是慢性支气管炎的主要诱因之一。全世界每年有300多万人死于主要由于环境污染造成的癌病。

氟里昂的使用量不断增加,是导致臭氧减少并出现空洞的原因,臭氧可以吸收200～300纳米的紫外线,从而减少了紫外线对生物(人体)的伤害。人类如果不采取措施保护大气臭氧层,到2075年全世界将有

臭氧减少

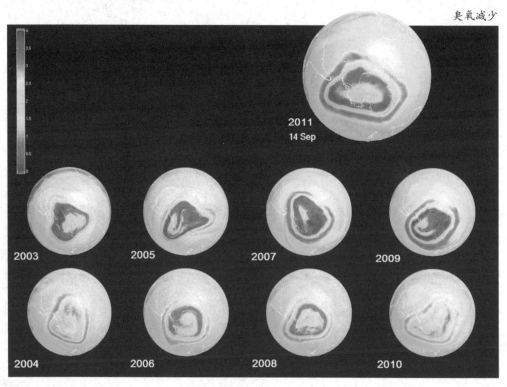

垃圾回收箱

1.54 亿人患皮肤癌，将有 1 800 万人患白内障，农作物减产 7.5%，水产品将减产 25%，材料的损失达 47 亿美元。

全世界由于环境问题造成的难民人数有 1 300 万人，接近由于政治动乱和战争造成的政治难民的人数。白色污染是我国城市特有的环境污染，在各种公共场所到处都能看见大量废弃的塑料制品，他们从自然界而来，由人类制造，最终归结于大自然时却不易被自然所消纳，从而影响了大自然的生态环境。从节约资源的角度出发，由于塑料制品主要来源是面临枯竭的石油资源，应尽可能回收，但由于现阶段再回收的生产成本远高于直接生产成本，在现行市场经济条件下难以做到。

面对日益严重的白色污染问题，人们希望寻找一种能替代现行塑料性能，又不造成白色污染的塑料替代

生活垃圾

生活垃圾已构成一大公害

品,可降解塑料应运而生,这种新型功能的塑料,其特点是在达到一定使用寿命废弃后,在特定的环境条件下,由于其化学结构发生明显变化,引起某些性能损失及外观变化而发生降解,对自然环境无害或少害。

垃圾侵占土地,堵塞江湖,有碍卫生,影响景观,危害农作物生长及人体健康的现象,叫做垃圾污染。

垃圾包括工业废渣和生活垃圾两部分。工业废渣是指工业生产、加工过程中产生的废弃物,主要包括煤研石、粉煤灰、钢渣、高炉渣、赤泥、塑料和石油废渣等。

生活垃圾主要是厨房垃圾、废塑料、废纸张、碎玻璃、金属制品等等。在城市,由于人口不断增加,生活垃圾正以每年 10% 的速度增加,构成一大公害。

垃圾的严重危害,首先是侵占大量土地。二是污染农田。三是污染地下水。四是污染大气。

工业废渣中的有些有机物质,能

工业废渣

在一定温度下通过生物分解产生恶臭，从而污染大气。五是传播疾病。生活垃圾中含有病菌、寄生虫，如果直接用来作为农家肥料，人吃了施用过这种肥料的蔬菜、瓜果，就可能得传染病。

生物性污染和化学性污染

生物性污染是指有害的病毒、细菌、真菌以及寄生虫污染食品。属于微生物的细菌、真菌是人的肉眼看不见的。鸡蛋变臭，蔬菜烂掉，主要是细菌、真菌在起作用。

细菌有许多种类，有些细菌如变形杆菌、黄色杆菌、肠杆菌可以直接污染动物性食品，也能通过工具、容器、洗涤水等途径污染动物性食品，使食品腐败变质。真菌的种类很多，有 5 万多种。最早为人类服务的霉菌，就是真菌的一种。

现在，人们吃的腐乳、酱制品都离不开霉菌。但其中百余种菌株会产生毒素，毒性最强的是黄曲霉毒素。食品被这种毒素污染以后，会引起动物原发性肝癌。据调查，食物中黄曲霉素较高的地区，肝癌发病率比其他地区高几十倍。

英国科学家认为，乳腺癌可能与黄曲霉毒素有关。我国华东、中南地区气候温湿，黄曲霉毒素的污染比较普遍，主要污染在花生、玉米上，其次是大米等食品。

腐乳、酱制品都离不开霉菌

污染食品的寄生虫主要有蛔虫、绦虫、旋毛虫等，这些寄生虫一般都是通过病人、病畜的粪便污染水源、土壤，然后再使鱼类、水果、蔬菜受到污染，人吃了以后会引起寄生虫病。

化学性污染是由有害有毒的化学物质污染食品引起的。各种农药是造成食品化学性污染的一大来源，还有含铅、镉、铬、汞、硝基化合物等

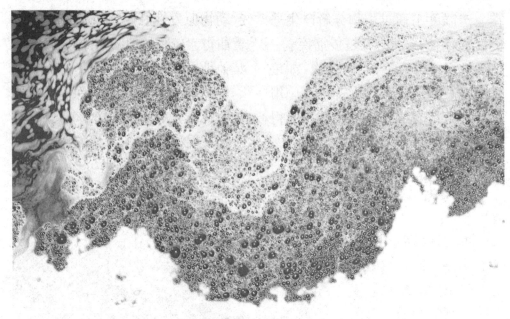

化学性污染

有害物质的工业废水、废气及废渣；食用色素、防腐剂、发色剂、甜味剂、固化剂、抗氧化剂食品添加剂；作食品包装用的塑料、纸张、金属容器等。

如用废报纸、旧杂志包装食品，这些纸张中含有的多氯联苯就会通过食物进入人体，从而引起病症。多氯联苯是200多种氯代芳香烃的总称，当今世界生产和使用这种东西的数量相当大。

资料显示，在河水、海水、水生物、土壤、大气、野生动植物以及人乳、脂肪，甚至南极的企鹅、北冰洋的鲸体内，都发现了多氯联苯的踪迹。食品在加工过程中，加入一些食用色

人工合成色素

素可保持鲜艳色泽。但是有些人工合成色素具有毒性。

被遗弃的战争垃圾

从一战、二战、朝鲜战争、越南战

争到海湾战争等,都证明了战争留下了难以排除的战争垃圾。包括废弃的炮弹、地雷、水雷,甚至核弹头等武器装备和军用设施。

　　大规模的杀伤性武器在现代战争中的使用,给人类带来了无尽的战争"污染",几代人为此付出了健康的代价。在一些战乱刚刚结束的国家,每天都有无辜的平民被战时埋设的地雷炸死炸伤。

　　目前世界上在 64 个国家仍有上亿颗被遗弃的地雷,而且每年还新埋设 200 万颗至 500 万颗,排雷仅为 10 万颗。国际红十字会称,每年有2.6 万人受到被遗弃的地雷的伤害,其中多数为非军人。受地雷威胁最严重的国家有:阿富汗、安哥拉、伊拉克、科威特、柬埔寨、西撒哈拉、莫桑比克、索马里、波黑、克罗地亚等。

　　1998 年,世卫组织的调查发现,海湾战争中遭贫化铀炸弹轰炸的地区,白血病患者人数剧增。专家经研究确信,贫化铀侵害了波斯湾地区人民的健康,估计至少有 2 万余名当地人因此身患癌症。在战争的阴影下,甚至连珠穆朗玛峰这座举世公认的全球环境最清洁地区也难逃劫难。

　　据有关监测表明,1991 年的海

战争垃圾

导弹

湾战争引发的油田大火,曾对珠穆朗玛峰的环境造成了污染,油田的燃烧排放物质随风飘到了珠峰地区,南坡北坡都有黑雪降下。

阿富汗战争中,美军启用了集束炸弹、巨型炸弹、精确制导导弹等一系列高精尖武器。而这些武器的威力可能要过10年、20年甚至更长时间才能显现出来,其结果就是武器中所含有的化学成分对地球生态乃至人类所造成无法挽回的伤害。

2005年沙特阿拉伯曾报道称,伊拉克是世界上唯一连续14年受到辐射污染的国家。伊拉克环境部强调,伊拉克受到污染的地区有300多处,可能有2 250万人受到了伤害。

现在,臭氧层因人类的破坏正变得越来越稀薄。在造成这一状况的各种因素中,军用飞机的活动是最主要原因。来自"科学与和平"组织的资料透露,世界各国军队使用的喷气式飞机每年消耗420亿千克燃料。在造成温室效应的化学气体中,军队排放的占10%。

对臭氧层产生破坏作用的另一个因素是导弹发射和核爆炸。据公

高端武器严重污染环境

"核火灾"改变气候

布的资料,0.4MT 的核爆炸,能够烧毁 200 平方千米的森林。

"核火灾"可能造成气候异常,少量黑烟长久留在空气中造成气候改变。事实上,半个世纪的核武器生产已经给人类生活环境造成诸多有害影响。

■ 敬畏大自然是人类的责任

1972 年 6 月 5 日,世界上 113 个国家的 1 300 多名代表云集瑞典首都斯德哥尔摩,参加联合国在这里召开的第一次人类环境会议,共同讨论人类面临的环境问题,大会通过了著名的《人类环境宣言》,它向全世界的人们发出了郑重告诫:"如果人类继续增殖人口,掠夺式地开发自然资源,肆意污染和破坏环境,人类赖以生存的地球必将出现资源匮乏,污染泛滥,生态环境破坏的灾难。"

会议取得共识:人类的命运与地球的命运息息相关;环境污染没有国界;维护全球环境,必须进行长期的、广泛的国际合作;如果人类社会的盲目、畸形发展得不到控制,自然界就将对人类进行更残酷的报复;保护环境就是保护人类自己。在同年召开

2010 世界环境日标志

放到大气里去的氯氟烃(氟利昂)，它是含碳、氯、氟等元素的有机化合物，在人们生活中使用的冰箱、空调器、汽车、计算机、灭火器等都要应用氯氟烃。当它进入到大气层，在强烈的紫外线的辐射下，其分子会裂解生成游离的氯原子。

日本的工厂释放出的导致温室效应的废气总量占整个亚洲的工业系统排放废气量的一半。所谓的温室效应，就是在地球周围的大气中，

的联合国第二十七次大会上，并把每年的6月5日确定为"世界环境日"。

由于世界现代工业的迅速发展，在生产过程中产生的废气使大气臭氧层受到严重破坏，地球的"保护伞"受到威胁，也直接威胁到人类的生命和动植物的生命安全。可是，随着人类工业化水平的不断提高，破坏臭氧层的有害气体也不断地滋生、增长，赖以保护地球的臭氧层开始向人类亮出了"黄牌"警告。

许多研究结果证明，破坏臭氧层的"元凶"是现代人类生产生活中排

我们只有一个地球

除了氮气、氧气外，还有二氧化碳、氯氟烃、水蒸气气体等。

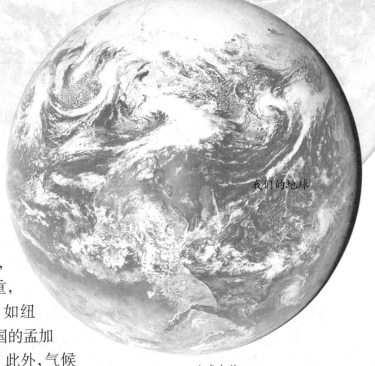

我们的地球

气候变暖将会导致海水热膨胀和极地冰川融化，使海洋水位上升，其灾难性的后果相当严重，将使一些沿海大城市，如纽约、上海、曼谷和低洼之国的孟加拉、荷兰变成一片汪洋。此外，气候变暖又可使局部地区干旱、沙漠化和产生飓风，使有的地区多雨和内涝，给农业生产造成欠收或绝产。而且这将形成恶性循环，更加剧温室效应的破坏性。

臭氧层的不断遭受破坏，大气中的二氧化碳浓度不断增加，人类及地球上的所有生灵，正一步步地失去自己的"保护伞"，这样一个严峻的现实已摆在了人类的面前。

◤ 我们只有一个地球

人类的忏悔应当忏悔自己破坏了自己的生存环境；人类的思索是思索怎样才能延长地球的寿命吗？人类甚至正在幻想：一旦地球上住不下去了，要搬到太空中去或搬到其他星球上去居住。如果臭氧层危害人类

地球全貌

的危险程度已经到了非搬家不可的地步，那时的人类也将到了灭亡之时了。

人类只有采取切实可行的有效措施保护好地球才有可能更好地保护我们人类自已，这才有可能较好地去开发利用其它星球。假如人类能够和平相处不再战争，并把消耗在战争中的物质资源和人力资源用在改善地球生态环境方面，人类的明天将是更加美好的。

相反，如果人类的活动依然恶习不改，战争无休无止，不断升级；掠夺式开发资源，不加节制地生产有毒有害气体，那将进一步加剧地球生态环境的恶性循环，人类就将逐渐走近濒临灭亡的危险境地。

看看人类的今天，身上穿的是五颜六色的服饰。夏天有汗衫、短裤、凉爽的秀裙，冬天有皮衣、绒裤、防寒服；吃的是山珍海味、大鱼大肉；住的是高楼大厦，里面装有暖气、空调、华丽精美的饰物；出入坐的是飞机、轮船、轿车、摩托车等等，哪一件不与地球的能源有关，这样的消费是否有些过分，甚至是否感到有些奢侈呢？

然而，这些种类繁多的能源消费结构，都与地球内部储存的能量物质紧密相联，并且人类在生产生活过程中的每个环节都对地球的生态环境构成危害。如生活的拉垃、工业生产排放出的烟尘、汽车的尾气、战争的破坏、还有许许多多的污染等等，不但没有得到有效的控制，反而不断升级，变本加厉。

也许人类和地球是两个相互矛盾的产物，相互依存，相互制约、即对立又统一的因果关系。这样解释只是自圆其说而已，人类其实并没有这样高贵，只是依附在地球的怀抱里生活繁衍的一个物种，我们没有权利也不应当去破坏赖以生存的地球——母亲；因为我们人类只有一个地球。

我们要保护环境、爱护地球

 迷你知识卡

氟利昂

氟利昂又名氟里昂，氟氯烃，几种氟氯代甲烷和氟氯代乙烷的总称。氟里昂在常温下都是无色气体或易挥发液体，略有香味，低毒，化学性质稳定。其中最重要的是二氯二氟甲烷 CCl_2F_2 (F-12)。二氯二氟甲烷在常温常压下为无色气体；熔点-158℃，沸点-29.8℃，密度 1.486 克/厘米 (-30℃)；稍溶于水，易溶于乙醇、乙醚；与酸、碱不反应。

黄曲霉毒素

是一类化学结构类似的化合物，均为二氢呋喃香豆素的衍生物。黄曲霉毒素是主要由黄曲霉寄生曲霉产生的次生代谢产物，在湿热地区食品和饲料中出现黄曲霉毒素的机率最高。

第8章　绿色是城市可持续发展的生命

1. 什么是城市化可持续发展?
2. 城市生命周期与城市可持续繁荣
3. "生态城市"与"低碳城市"
4. 中国最佳环境与最差环境城市
5. 世界十大著名绿色城市
6. 绿色都市——莫斯科

◪ 什么是城市化可持续发展?

城市可持续发展是一个城市不断追求其内在的自然潜力得以实现的过程,其目的是建立一个以生存容量为基础的绿色花园城市。城市要想可持续发展,必须合理地利用其本身的资源,寻求一个友好的使用过程,并注重其中的使用效率,不仅为当代人着想,同时也为后代人着想出口。

城市可持续发展

城市夜色

利用环境生态规律来解决城市环境问题，是城市可持续发展所面临的一个基本问题。

城市可持续发展是指在全球实施可持续发展的过程中城市系统结构和功能相互协调，具体说是围绕生产过程这一中心环节，通过均衡地分布农业、工业、交通等城市活动，促使城市新的结构、功能与原有结构、功能及其内部的和谐一致，这主要通过政府的规划行为达到。

城市可持续发展应在资源最小利用的前提下，使城市经济朝更富效率、稳定和创新方向演进。

城市应充分发挥自己的潜力，不断地追求高数量和高质量的社会经济人和技术产出，长久地维持自身的稳定和巩固其在城市体系中的地位和作用。对大多数城市来讲，特别第三世界城市，只有提高城市的生产效率及物质产品的产出，这样才能永葆

城市应充分发挥自己的潜力

其生命活力。

　　城市可持续发展在社会方面应追求一个人类相互交流、信息传播和文化得到极大发展的城市，以富有生机、稳定、公平为标志。

　　可持续城市是生活城，其应充分发挥生态潜力为健康的城市服务，不仅把城市作为整体考虑，而且也要使不同的环境适应城市中不同年龄不同生活方式的需要可持续城市是市民参与的城市，应使公众、社团、政府机构等所有的人积极参与城市问题讨论以及城市决策。

◪ 城市生命周期与城市可持续繁荣

　　任何城市都有其生命周期，即经历兴起、发展、繁荣、衰退或再度繁荣的过程。从早期复杂社会时期美索不达米亚、印度、中国等地的宗教性城市，到古典时期希腊、罗马作为帝国中心的世界大都市，到后古典时期伊斯兰世界的宗教性世界城市、中国的中央权力王城，到文艺复兴时期欧洲的威尼斯等商业城市，再到近代的伦敦、纽约等工业城市，以至

城市建筑

今天的洛杉矶等后工业城市及亚洲、东方城市的再度崛起，可以说，一部全球城市史也就是一部不同地区、不同样态的城市交替兴衰的历史，一部不同城市不断分别经历其生命周期的历史。

不同城市分别经历其生命周期的不同阶段，在整体上构成了城市繁荣区在全球不同地域的历史转换。

从现象上看，全球城市的繁荣区似乎在东西方之间不断进行着阶段性的周期转换。从本质上看，城市繁荣区在东西方之间转换，更多带有历史的偶然性。

这种转换的深层基础或内涵是人类社会从农耕文明、商业文明、工业文明到后工业文明的历史转换，城市文明形态从农业城市、商业城市、工业城市再到后工业城市的历史转换。

商业城市夜景

为城市创造主体的人，以及由人所创造、体现并反过来影响人的城市文化、城市精神，是决定一个城市生命周期的最根本因素。只有那些能够不断提炼、形成独特文化属性，具有较高文化吸引力、文化凝聚力、文化认同度的城市才能够实现可持续发展；只有那些能够吸引并留住各类优秀人才，形成了具有自身独特的城市文化、城市精神的城市，才可能走向可持续繁荣。

可持续繁荣城市

◩ "生态城市"与"低碳城市"

工业化为城市发展创造经济基础和技术手段的同时，也在相当程度上带来了城市生活疏离自然界、灰色覆盖绿色、人居环境恶化等问题。

20 世纪 80 年代，"生态城市"概念由一位苏联生态学家提出，很快得到联合国教科文组织的确认和推广。

城市有自己的生命周期

"生态城市"就是要从系统的角度运用生态学原理进行城市设计，建立高效、和谐、健康、可持续发展的人类聚居环境。

生态城市中的"生态"，已不再是过去所指的纯自然生态，而是一个蕴涵社会、经济、文化、自然等复合内容的综合概念。一些专家认为，21 世纪是生态世纪，即人类社会将从工业化社会逐步迈向生态化社会。

城市生态环境正日益成为城市竞争力的重要组成部分，哪个城市生态环境好，就能更好地吸引人才、资金和物资，处于竞争的有利地位。

建设生态城市也越来越成为城市竞争的焦点，我国许多城市把建设生态城市、园林城市、山水城市、森林城市作为主要目标和发展模式。尤其是 2004 年国家公布了"生态园林城市"创建标准及评审方法，标志着

城市生态环境

建设生态城市

生态城市

我国生态城市建设进入了一个新的阶段。

建设低碳城市。低碳城市是指全面采取低能耗、低排放、低污染的低碳经济模式和低碳生活方式的城市。

低碳经济的核心是能源技术和减排技术创新、产业结构和制度创新以及人类生存发展观念的根本性转变，并通过技术创新、产业调整、制度完善、观念引导等措施，集中解决好"降低碳排放"这个控制全球气候变化、保持人类社会可持续发展基础条件的关键问题。

◪ 中国最佳环境与最差环境城市

一份年度重点城市环境报告显示，环境质量最好的城市是海口、珠海、湛江、桂林、北海；污染控制最好

最佳环境城市

珠海别墅群

的城市是南通、连云港、沈阳、苏州、福州；环境基础设施建设最好的城市是大连、烟台、深圳、珠海、海口。

而空气污染最重的 10 个城市是临汾、阳泉、大同、石嘴山、三门峡、金昌、石家庄、咸阳、株洲、洛阳。

中国目前共有 668 个城市，容纳 36.1% 的人口，贡献 70% 的国内生产总值和 80% 的税收。此次发布的环境报告包括了省会城市、直辖市、沿海开放城市、经济特区城市以及风景名胜城市等 47 个重点城市。

在经济高速增长的情况下，47 个重点城市的 2003 年的工业污染物单位增加值排放强度比 2002 年均有下降，而且污染增长速度小于工业增加值增长速度。

城市污染主要分为空气污染、水污染和噪音污染。报告显示，与 2002 年相比，2003 年，47 个重点城市的空气污染（包括可吸入颗粒物、二氧化硫浓度年日均值）略有下降；城市生活污水集中处理率、生活垃圾无害化处理率和危险废物集中处理率分别提高了 10.68 个百分点、1.78 个百分点和 12.06 个百分点；环境噪声和交通干线噪声年均值略有下降。

此外，绿化覆盖率提高 0.68 个百分点，平均环保投资额增长 0.14 个百分点，达到 GDP（国内生产总值）的 2.43%。

一些城市的空气污染仍然很严重。此外，由于机动车数量激增，北京、哈尔滨、南京、广州、西安、银川等城市二氧化氮年日均值浓度上升明显。

另外，部分城市的环境基础设施薄弱。生活污水集中处理率低的城市包括长春、哈尔滨、武汉、湛江、北

机动车提高城市二氧化氮浓度

海、重庆和拉萨；生活垃圾无害化处理率低的城市包括哈尔滨、乌鲁木齐和贵阳。

世界十大著名绿色城市

阿姆斯特丹：鼓励环保交通工具，阿姆斯特丹财政每年会拨出

拉萨

芝加哥

阿姆斯特丹街头

芝加哥：氢气燃料、风力发电，芝加哥市长理查德·达利从1989年上任至今一直带头植树，为芝加哥创造了50万棵新树的环保纪录。2001年，芝加哥大规模推行的通过"屋顶绿化"储存太阳能和过滤雨水，以节省能源的举措取得很大成效，每年为芝加哥市政厅节约1亿美元的能源开支。市政厅还将位于市中心的机场改建为公园，并在千禧公园内建造了一座可容纳1万辆自行车的"车站"。芝加哥也是全美第一座安装氢气燃料站的城市。风力发电也是这座"风之城"最可利用的能源之一。

库里提巴：公交系统独特独到，巴西南部巴拉那州首府库里提巴市，是全球第一批被联合国列为"最适宜

4 000万美元的预算用于城市基础设施的环保改造。在阿姆斯特丹，37%的市民都骑车出行。不久前，阿姆斯特丹市政厅还公布了一项限制旧汽车进入市中心的计划，规定从2009年底开始，所有1991年前生产的汽车都将被禁止进入阿姆斯特丹市中心区域，以减少城市的空气污染。

居住的 5 大城市"之一,早在
1990 年, 就被联合国授予
"巴西生态之都"和"世界 3
大生活质量最佳的城市之
一"的称号。库里提巴市长
是建筑师出身,擅长调整城
市中的设施、布局,达到环保
目标。

库里提巴

他设计了一种独特的
公交系统,候车站犹如巨大
的玻璃圆筒,两头分别设出
入口,且入口处设有旋转栅栏,以保
证有序。公交车地盘与路面持平,使
乘客上下车如履平地,以此吸引更多
市民放弃私家车,乘坐同样方便舒适
的公交车。此外,库里提巴市政厅早

在数十年前就禁止市区和近郊兴建
工厂。

弗赖堡:弗赖堡是德国黑森林地
区附近的一座小城。上世纪 70 年
代,这里的市民曾对在这里建核电站
否决,因此,弗赖堡的市民普遍环保
意识都比较高。

弗赖堡

弗赖堡是成功将太阳能转化为能源的城市之一。无论市中心的车站、医院、足球场、还是城市花园和当地的酿酒厂屋顶或顶篷上都安装了太阳能电池板。三分之一的市民出行选择骑自行车。此外,弗赖堡从上世纪 80 年代开始,就注意垃圾的回收利用,至今,该地区的垃圾数量已减少三分之二。

加德满都:屋顶绿化、建筑限高,尼泊尔首都加德满都依然保留了昔日原始建筑风貌,但这座城市的环保措施,如"屋顶绿化"、利用太阳能发电和加热等即使在一些欧洲主流城市也属于先进的理念和技术。此外,为了最大限度减少能耗,加德满都市政厅要求所有建筑高度限制在 9 英尺(约 2.7 米)以下。

加德满都

伦敦:征收车辆"环保税",政府宣布,计划在 20 年内将伦敦二氧化碳排放量减少 60%,使其成为全球最环保的城市。新规划的改革措施覆盖家庭、企业、供电系统和交通 4 个领域,比如,要求伦敦居民将减少

伦敦

看电视的时间、换用节能灯泡，全城四分之一的供电系统也将得到改造，一些发电站将被迁至居民区附近，以避免电力能源传输过程中的浪费。在交通领域，市政厅对于排量大的汽车征收每天 25 英镑的高额"环保税"，并在伦敦街头推出自行车出租服务。

雷克雅未克：氢燃料巴士、地热。冰岛地热资源丰富，在冰岛语中，其首都雷克雅未克的意思就是"冒烟的城市"，"烟"就是岛上温泉的水蒸气。冰岛在雷克雅未克大力推行地热和水力作为取暖和电力能源的措施，此外，还推动氢燃料巴士和"百千米耗油量低于 5 升环保型汽车可以在市区免费停车"等环保活动。预计到 2050 年，雷克雅未克将彻底告别石油燃料，成为欧洲最洁净的城市。

波特兰：绿色建筑、发展轻轨，波特兰是第一个将节能减排立法律的城市。除了"绿色建筑中心"，该城市还大力推行环保交通工具，轻轨、巴士和自行车是波特兰市民主要的出行工具。为了鼓励更多市民选择亲近自然的生活方式，波特兰在城内开辟了近4万公顷的绿地以及长为120千米、供市民散步和骑脚踏车的专用道。

新加坡："零能耗"建筑，作为亚洲的"花园城市"，新加坡在环保方面的努力一直有目共睹，长达 12 年的口香糖进口禁止令就是例证。2009 年，新加坡第一座"零能耗"建筑也将竣工。

新加坡

这座由旧楼改造的建筑，能源利用率将比常规建筑高60%，屋顶采用总面积达 1 300 平方米的太阳能板供电，并与公共电力网相连，可做到电力的互相补充，内部还装有感应器，能自动调节室内的冷气系统。

多伦多：LED 照明系统、深层湖水冷却系统，早在 2002 年，多伦多为解决"热岛效应"（由于城市化发展，导致城市中的气温高于外围郊区的现象），就已开始在城市建筑的屋顶种上绿色植物，改善环境质量。

多伦多

多伦多宣布将用LED照明系统取代传统灯泡和霓虹光管，以节省用电，在维护夜景的同时，减少城市的光污染。此外，多伦多市的一些建筑将利用安大略湖的湖水冷却降温，以缓解电力供应。

绿色都市——莫斯科

莫斯科是俄罗斯政治、经济、文化、交通的中心，面积900平方千米，人口近900万。市内拥有汽车、机床、轴承、金属加工、电力、化工、冶金等10多个工业部门，曾有"重工业堡垒"之称，但是令人惊奇的是，这座大城市既没有闹市经常听到的噪声，又没有工业城市常见的烟雾，整个城市显得十分优美、宁静、空气清新。

在莫斯科的东北部，有一大片广阔而茂密的森林，郁郁葱葱，林中十分幽静。由于多年前这里曾驼鹿云集，因此得名"驼鹿岛"。这里已正式辟为自然公园。现在，无论春夏秋冬，这里游人踪迹不绝。在莫斯科市郊，类似"驼鹿岛"这样的绿地很多，这些森林环抱着莫斯科，并与市中心大大小小的公园和街心花园的植被相连接，构成一个较完善的绿化系统，使莫斯科成为世界上著名的"绿色都市"。

莫斯科的绿化系统是在1935年城市建设总体规划中确立的。然而，莫斯科人为绿化城市所做的工作却可追溯到很久以前。16—18世纪，城市园林业蓬勃发展，王公贵族纷纷在郊外莫斯科河岸围林造园。国内有花池、草坪、林地及人造瀑布等。

莫斯科
圣瓦希尔大教堂

莫斯科有"绿色都市"之称,绿化面积占全市总面积的 40%,人均占有绿地 20 多平方米。但是在十月革命以前,莫斯科是一座缺少绿色的"荒漠城市"。

1928 年建成中央文化休息公园,从此开始了大规模的城市绿化工程。每年新栽乔木 20 万株,灌木 200 万丛。现在的莫斯科,有 98 座公园、约 800 个街心花园、11 个自然森林区,大环路以外的郊区防护林,达到 7 200 多公顷。森林环抱着莫斯科,与市内的林荫道、公园和街心花园相连接,构成了一个完整的绿化体系。整个城市掩映在一片绿海之中。

与此同时,莫斯科的环境治理也取得了重大成就。

莫斯科河,早在 100 多年前就变成了一条死河,是藏污纳垢的总下水道。河水污浊,臭气冲天。

为了从根本上改变恶劣的环境状况,对莫斯科河实施了大规模的治理工程,在市区 30 千米的河段,挖除河床半米厚的污泥,之后填上新沙。

莫斯科河

同时,在市区铺设总长 5 000 千米的排水管道,把城市污水引入处理厂,之后再排入莫斯科河。处理过的污水净化度达到 90%～95%。消失的鱼类重新出现在莫斯科河的碧波中。

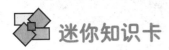 **迷你知识卡**

城市热岛效应

是指城市中的气温明显高于外围郊区的现象。在近地面温度图上,郊区气温变化很小,而城区则是一个高温区,就像突出海面的岛屿,由于这种岛屿代表高温的城市区域,所以就被形象地称为城市热岛。

河床

谷底部分河水经常流动的地方称为河床。

第9章 地质环境是城市可持续发展"生命线"

1. 什么是地质环境?
2. 我国城市面临的地质环境问题
3. 不合理开发诱发环境地质问题
4. 矿山地质环境形势危急
5. 陕西神木县地质环境严峻
6. 安徽"淘金"留下后遗症

◨ 什么是地质环境?

地质环境是指存在于生物体周围能对其产生影响的各种要素与条件的总和。我国环境保护法明确指出的:"所谓环境是指大气、水、土地、矿藏、森林、草原、野生动物、水生动物、名胜古迹、风景游览区、温泉疗养区、自然保护区、生活保护区等"。

这里的环境是由岩石圈、生物圈、水圈、大气圈组成的一个自然生态环境体系。城市可持续发展要处理好与岩石圈、生物圈、水圈、大气圈的关系,要从自然生态环境体系考虑。

地质环境指的是与人类关系最为直接最为密切的岩石圈之表层,是人类生存和城市可持续发展的基础。

地质环境仅是自然环境的一部

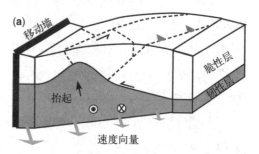

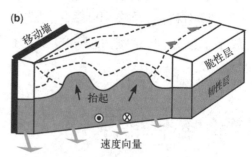

地质构造示意图

分,它是地球演化的产物,为人类和其他生物生存和发展提供了广阔的空间和丰富的资源,是人类社会和经济活动的场所;同时,人类和其他生物的活动又不断地改变着地质环境的结构特征和化学成分,因此,它又是在不断变化之中的。

地质环境是地质要素和地质作用在一定关系下互相联系、相互制约的,在天然因素和人类活动影响下正在发展中的一个复合体。

地质环境是一个复杂的开放系统,这个系统包括地质构造、岩矿成分、地貌形态、水文、内力和外力地质作用。

地质环境具有空间概念,它的上限是岩石圈的表层,在海洋底部、山脉、丘陵地区多由前第四纪基岩构成,在平原、盆地表面为第四纪各种

地质环境

松散堆积物所覆盖。

岩石圈表层是人类活动和其他生物活动的最重要的场所,因此,受人类的影响也最大,在这里,各种地质作用复杂而活跃,大气、水、生物相互作用强烈,使表层的变化及对人类

岩石圈

地质构造遗迹

可燃有机岩矿藏，或者是直接由生物残骸沉积成岩，是地质环境中的组成物质之一。

生物风化作用又使岩石破碎，促进了土壤的形成和发育，而地球上许多地区生态环境的恶化如沙漠化、水土流失等又无不与植被覆盖度的下降、植被类型的减少有关。

社会的反馈作用也最为显著，与人类的生存息息相关。

地质环境和大气圈、水圈、生物圈共同组成人类赖以生存的空间环境体系，这是一个相互作用、相互影响、紧密结合的开放体系，亿万年来，它们之间进行着极为频繁的物质交换和能量转换。

水圈包括海洋、河流、湖泊。由于蒸发使这些水体中的水汽进入大气之中，大气遇冷使水汽凝结形成降水返回，这是众所周知的水的一种循环，在这一过程中，完成了地质环境与水圈、大气圈的物质循环。

生物存在于地质环境中，二者的关系十分密切，地球上的植物和低等的海洋动物在地质历史时期形成了

正是在与大气、水、生物圈的物质能量交换传递过程中，促使着地质

地质构造

环境发生各种有利或不利于人类的演变,并形成各种各样的原生或人为的环境地质问题。

我国城市面临的地质环境问题

我国地域辽阔,地理、地质条件十分复杂。在地质构造上,多次遭受地壳强烈的影响,地质构造复杂,新构造活动频繁,山地高原山陵约占70%;气象条件在时间、空间上的差异很大,这样的自然条件决定了我国是一个地质环境复杂、地质灾害多发的国家之一。

我国地质灾害种类多,分布广,灾情严重,损失巨大,制约着国民经济的发展,威胁着人民的生命和财产安全。随着国土开发强度的加大,人类违背自然规律进行经济生产活动对地质环境的破坏,加剧了地质灾害的发生与发展。

我国地质灾害所造成的直接经济损失约占各种自然灾害损失总和的

泥石流

山体滑坡

崩塌灾害

山体滑坡导致高速拦腰截断

四分之一以上,每年损失超过200亿元,伤亡人数逾千人,已成为世界上受地质灾害危害最严重的国家之一。

崩塌、滑坡、泥石流灾害分布十分广泛,几乎遍布全国各省(省、区),比较集中的地区是西南、西北地区。全国分布崩塌、滑坡、泥石流灾害点近百万处,400多个县(市)1万多个村庄受到地质灾害的威胁。如1998年汛期、全国共发生不同规模的崩塌、滑坡、泥石流等突发性地质灾害约18万处,其中规模大的475处,造成1157人死亡,1万多人受伤,毁坏房屋50多万间,仅此造成直接经济损失 80 多亿元。

地面塌陷：有 24 个省(区)存在岩溶塌陷问题，主要分布于辽宁、河北、江西、湖北、湖南、四川、贵州、云南、广东、广西等省(区)。岩溶塌区有 780 多处，塌陷坑超过 3 万个，每年造成的经济损失达 10 亿元左右。在矿山普遍存在采空区地面塌陷问题。

地裂缝：已在冀、鲁、皖、豫、陕、晋等 16 个省的 200 多个县、市发现地裂缝千处以上，总长度超过 350 千米。以汾渭盆地地裂缝活动最强烈，尤以西安地裂缝最典型。

地面塌陷

地面沉降

据 1987 年不完全统计,西安市因地裂缝使楼房 70 余楼,平房 200 余间,工厂车间、礼堂近 40 座严重受损,切断地下管道 20 余处,路面变形破坏近百处。每年造成的经济损失可达数亿元。

■ 不合理开发诱发环境地质问题

我国地下水开发利用十分广泛。地下水已经成为城市和工农业用水的主要供水水源。全国约有三分之二的城市以地下水作为主要供水水源、约有四分之一的农田灌溉用水靠地下水源。

地下水开采总量超过 1 000 亿立方米每年,北方 17 省(区、市)地下水开发程度高,以京、津、晋、冀、鲁、豫、陕、甘、宁最高。目前,我国地下水开发利用不够合理,主要体现在部分城市和地区严重超量开采地下水,水源地分布过于集中,开采层位缺乏科学合理选择,开采制度也不够合理。

地下水位持续下降,区域降落漏斗不断扩大,致使一些地区浅层地下水枯竭。如河北省和江苏省深层水开采引起的区域降落漏斗最为严重,漏斗中心水位埋深已达 60 至 90 米。

地裂

地面沉降：目前全国共有上海、江苏、浙江、天津、河北、陕西等 16 个省（区、市）的 46 个城市（地段）明显产生地面沉降问题。

仅上海市因黄浦江水上岩、洼地积涝、沿江码头受淹、桥下净空减少，为此加高黄浦江防洪墙，改造下水道、码头等，就耗资几亿元，此外，还造成建筑物下沉等。

海水入侵地下水。我国有大陆海岸线 1.8 万多千米，约有六分之一的海岸地下水受到不同程度的海水入侵，主要分布在渤海和黄海沿岸地区，包括辽宁、山东、河北、江苏、浙江、广东等省，总的入侵面积达 1 000 平方千米。比较严重的是辽东半岛的山东半岛。

地下水位大幅度降低。由于西北干旱地区，耕种层水墒主要靠地下水维持，但由于这些地区不合理开发利用地下水，使地下水位大幅度降低，影响生态环境，使耕种层水分减少，地表土层旱化，植被枯萎死亡，草场退化，沙漠化扩大。

地下水开采设备

矿山

▨ 矿山地质环境形势危急

矿石

我国目前 95%的一次能源，80%的原材料，要靠开发矿产资源提供。全国国有矿山一万多座，集体、个体矿山28万多个，年矿石采掘量 6 万多亿千克，矿产开发总规模已居世界第三位。在矿产资源大规模开发利用同时，大大改变了矿山生态系统的物质循环和能量流动方式，产生了严重的生态破坏和环境污染。

据估算，全国矿山破坏土地面积157 万公顷，而目前的土地复垦率仅为 4%左右。由于地下采空、边坡开挖、废渣、尾矿排放、矿坑疏干排水和废水排放等矿业活动，诱发地面塌陷、岩溶塌陷、山体开裂、崩塌、滑坡、泥石流、坑道突水、瓦斯爆炸、岩爆、水土流失、水土污染、尾矿库溃坝和区域水均衡破坏等一系列环境地质问题和次生地质灾害，对矿山开发建设构成威胁。

矿山地质问题严重

　　据不安全统计，仅地面塌陷、崩塌、滑坡和水土流失等次生地质灾害破坏的土地面积总计 10 万公顷以上，每年经济损失几十亿元。如 1980 年湖北远安盐池河磷矿发生崩塌，体积 100 万方，仅 16 秒钟摧毁了矿务局机关的全部建筑和坑口设施，造成 284 人死亡，经济损失几千万元；抚顺西露天采坑开挖深度达 300 米已诱发滑坡 60 多次给生产造成严重影响；四川冕宁县泸沽铁矿，向盐井沟排放 55 万方弃渣，1970 年 5 月发生泥石流死亡 104 人，又如山西煤矿开发，矿坑疏干排水，导致区域地

井泉

下水位大幅度下降，水资源枯竭，造成 8 个县 26 万人吃水困难，2 万公顷保浇田变成旱地，全省井泉减少达 3 000 多处。

　　矿山环境地质问题，如此严重，主要是历史遗留问题太多，新的问题又不断发展,现在企业根本无法承担沉重的生态环境治理任务,其结果形成资源环境恶性循环,严重制约矿山城市发展,有的矿山达到难以逆转的后果。

陕西神木县地质环境严峻

陕西神木县共有各类煤矿216个,其中大中型煤矿8个(包含神东公司所属企业5个),其余均为小型煤矿。目前全县煤矿开采形成采空区塌陷面积27.72平方千米,受害人口达3612人。现已全部塌陷,占全县塌陷面积88%,使14个村856户3285人受灾,威胁房屋安全787间,已损坏房屋784间,损毁水攻地近19公顷,旱地18.67公顷,林草地

2436.60公顷;地方煤矿开采形成的采空区面积74.4平方千米,引起塌陷的有16个太区,塌陷面积3平方千米,使71户327人受灾、威胁房屋安全271间,已损坏27间,损毁林草地300公顷。全县煤矿开采已对地质环境形成了巨大破坏。

水均衡遭受破坏,产生各种水环境问题。煤矿井下排水,使大面积区域性地下水位下降,破坏了采煤区水均衡系统,不少原来用井泉或地表水作为生活和农业用水的村庄普遍发生了水荒。中鸡镇束鸡河村的3座大型水库、18口水井已存水,人畜饮水困难,当地群众到几里路之外拉水或到邻村买水,且水价上涨,使原本因塌陷而收入减少的农民如同雪上加霜。

煤矿区

大柳塔母河沟村、双沟村上下游浇灌近 20 公顷水地,现在因水源枯竭而全部弃耕;西沟沙沟峁电灌站于上世纪 70 年代建成,原来水源为石缝渗水,是当地群众农业用水的主要水源,但近四五年来,随着煤矿的开采,水源渗漏,目前已经干涸,20 多公顷水浇地无法灌溉。

干涸的土地

诱发地质灾害,给当地群众造成了经济损失。近年来,随着煤炭市场的好转,各煤矿企业加大开休力度,由此,诱发的山体崩塌、地面塌陷、地裂缝、地面沉降等与地质作用有关的灾害逐渐增多,给当地群众的生命和财产安全造成了严重危害。

永兴柳沟煤矿于 1996 年和 2001 年先后两次发生采空区塌陷,据该村部分群众反映,由于煤矿开采,已造成 9 孔窑洞开裂,涉及受灾户 5 户 31 人;西沟沙沟峁村有 14 间居民房屋因地下采空而悬空。

许多村庄四周塌陷,"地上死岛"不断出现,不少村民因之流离失所,

窑洞

大柳塔镇三不拉村张家渠四周塌陷，塌陷区最近距村庄仅 30 米左右，居民生活受到严惩威胁。地陷还造成树木枯萎，植被破坏，粮食减产，农林牧收入降低，群众生活举步维艰。

由于运煤车辆频繁往返，凡通往各煤矿的乡镇道路两侧田地，庄稼叶面上尘土覆盖严重，地面乌黑，污染较为严重，势必影响农作物的产量和质量。

"淘金"留下后遗症

安徽"淘金"留下后遗症

山地质环境遭破坏，诱发地质灾害，造成岩溶塌陷，毁坏植被和土地，目前全省矿山累计占用、破坏土地面积近 6 万公顷。如何实施矿山地质环境恢复治理补偿机制，已引起政府部门的高度重视。

定远县发生多起塌陷事件，均祸起矿产企业开采导致地面沉陷。与定远县一样，全省矿山地质环境状况不容乐观。截至 2008 年底，全省矿山累计占用、破坏土地面积 58 255.18 公顷，其中，尾矿堆放 7 953.11 公顷，露天采坑 17 624.94 公顷，采矿塌陷 32 677.13 公顷。

作为支柱产业，矿产为全省经济

矿渣

废渣废弃物污染主要集中在各煤矿生产场区。多数煤矿生产场区废渣废弃物乱堆乱放现象严重，有的场区秽水横流，污泥泛滥，行人难以进入，这些废渣和污泥秽水，加剧了对矿区的生态环境破坏。

发展作出巨大贡献，但在"淘金"时也留下种种后患。该省矿产资源总量居全国第十位，目前开发利用矿产近百种，矿山企业超过6 000家。

2008年，全省矿产采选业、相关能源与原材料加工制品业产值为1 805.79亿元，占全省工业总产值的39.4%，实现工业增加值608.99亿元。因开矿山造成的地质环境破坏长期得不到及时治理，矿山地质环境治理进度赶不上新损毁的速度。

矿山地质环境破坏诱发矿山地质灾害，造成岩溶塌陷，毁坏植被和土地。老百姓对此十分忧虑。他们

定远县发生多起塌陷事件

说：不要拿走"金子"留下"渣子"。

矿山地质环境恶化的后果正在显现，铜陵、淮南和安庆等矿区疏干排水引发岩溶塌陷，露天采矿加剧水土流失、破坏地形地貌。

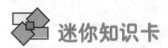 **迷你知识卡**

汛期

水利名词，是指河水在一年中有规律显著上涨的时期。"汛"就是水盛的样子，"汛期"就是河流水盛的时期，汛期不等于水灾，但是水灾一般都在汛期。

滑坡

是指斜坡上的土体或者岩体，受河流冲刷、地下水活动、地震及人工切坡等因素影响，在重力作用下，沿着一定的软弱面或者软弱带，整体或者分散地顺坡向下滑动的自然现象。俗称"走山"、"垮山"、"地滑"、"土溜"等。

第10章 盘点全球著名城市的绿色建筑

1. 陆地生态城市和海上漂浮生态城市
2. 韩国首尔绿色城和首尔 2026 公社
3. 美国旧金山水网城市和旧金山跨湾交通终点站
4. 新加坡海滩路、摩天大厦和 EDITT 绿塔
5. 迪拜朱美拉花园公园大门和金字塔可持续城市
6. 东方商业中心区和摩天巨塔

◤ 陆地生态城市和海上漂浮生态城市

土耳其泽奥陆生态城市：土耳其伊斯坦布尔的历史文化城区每年都要接待无数的游客。为了保护城市中最古老的历史文化遗迹，伊斯坦布尔城市规划者正在尝试扩建数个新的城市中心区，泽奥陆生态城市就是扩建计划的一部分。

泽奥陆生态城市是一个集生活、工作和娱乐等功能为一体的城市社

土耳其伊斯坦布尔泽奥陆生态城市

区，它实际上就是一个城中城。根据设计方案，泽奥陆生态城市共有14座塔形建筑，这些建筑可以用作住宅、办公室、宾馆等。

这些建筑最具特色的地方就是它们的绿色外墙和绿色屋顶，整体看上去就像是一个个绿色的空间。

泽奥陆生态城市设计方案由英国著名的生态建筑事务所卢埃林·戴维斯·耶安格建筑事务所创作。这种城中城或许并不会马上就兴建，但这是一种未来的建筑设计理念，它有助于建设绿色城市、减少机动车使用率以及引入更多生态友好

海上漂浮生态城市效果图

型建筑。

海上漂浮生态城市：文森特·卡勒伯特建筑事务所以充满想象力的漂浮绿色建筑设计方案而著称。该建筑事务所所设计的"Lilypad"漂浮生态城市是为应对因气候变化等原因造成的生态灾难而设计的，用作 2100 年生态难民的新家园。

据生态设计师文森特·卡勒伯特介绍，"Lilypad"漂浮生态城市是一种两栖的、可自给自足的城市。

城市可以容纳 5 万人生活于其中，城市中还有人类生活所必须的各种植物和动物。城市的底部有一个沉没于水中的礁湖，它可以净化雨水供"Lilypad"

Lilypad

漂浮生态城市中的居民饮用。

韩国首尔绿色城和首尔2026公社

韩国首尔 Gwanggyo 绿色城：Gwanggyo 绿色城是韩国首尔计划建造的一座绿色新城。荷兰著名的 MVRDV 建筑事务所负责设计 Gwanggyo 绿色城的建设方案。据建筑设计师介绍，Gwanggyo 绿色城可以容纳 7.7 万居民，是一个可实现自给自足的绿色社区。

绿色城最重要的特点就是其中的众多未来派建筑和绿色环境。这种未来派建筑都是由一个个层叠的、但稍有偏移的环形结构组成。这些环形结构有两种用途，其一就是用作阳台，另一个用途就是室内公共会议或聚会场所。

在未来派建筑中，既有办公室，

Gwanggyo 绿色城效果图另一角

Gwanggyo 绿色城效果图

也有住宅和购物中心，其他城市生活所必须的设施也应有尽有。此外，这些建筑还具有过滤空气和降低能耗的功能。

首尔 2026 公社：首尔 2026 公社设计方案由韩国首尔 MassStudies 建筑事务所所创作。在首尔 2026 公社中，有许多外观怪异的绿色圆塔。这些绿色圆塔看起来就好像是来自苏斯博士的经典童话，但它们确实是韩国首尔准备建造的一种新型城市社区。

根据设计方案，这些建筑通过模拟植物外观建造，同时在塔的外部种植许多蔓生植物。在绿色圆塔上，有许多六边形窗口。这些窗户之上都安装有各种不同类型的玻璃，其中光电玻璃可以为居民提供清洁能源。

公社设有公共区和私密区，私密区包括一些小型的私人房间，这种房间被称为"蜂房"。整个公社的设计方案体现了一种可持续和高效率的特点。

◪ 美国旧金山水网城市和旧金山跨湾交通终点站

美国旧金山水网城市：在美国未来城市设计大赛中，建筑师和设

首尔 2026 公社效果图

计师被要求想象一下2018年旧金山的模样。美国爱华摩托斯科特建筑事务所以一种全新的设计理念赢得了设计大赛的头奖。

　该建筑事务所设计的水网城市以一种崭新的视角和惊人的震撼力展现了旧金山的未来。水网城市的最大特点就在于专门用于氢燃料汽车的地下交通隧道，这些隧道在许多地方与地面之上的道路相连。整座城市由地热和水提供能源。

　绿色旧金山跨湾交通终点站：绿色旧金山跨湾交通终点站，就是为旧

绿色旧金山

金山建立一座横跨金山湾的交通工程的终点车站。这个设计方案最具特色的地方就是一座高耸入云的玻璃塔和市区内的一个大型交通中心。两座建筑都将具有可持续性的特点，

美国旧金山水网城市

跨湾交通终点站效果图

但是真正引人注目的则是其中的交通中心。

这个交通中心包括一个面积约为5.4英亩的大型绿色公园,公众可以自由进出这个公园。这个绿色公园将主要用于文化活动,其实它也相当于一个教育基地,当地居民可以从中学到关于可持续的概念和绿色屋顶等生态技术。

两栋建筑都将拥有雨水和废水回收系统,水资源可通过净化程序循环利用。此外,风力涡轮机组和地热系统也是两栋建筑的重要组成部分。

新加坡海滩路、摩天大厦和 EDITT 绿塔

新加坡海滩路:新加坡以花园城市而著称,新加坡居民都希望他们这个岛国能够永远接近大自然。由世界著名建筑设计公司"培训与合作伙伴"所设计的这栋摩天大楼,既为城市中心增添了许多住宅和办公室,同时也为该地区带来了绿色

的环境。

空中花园、绿色阳台和地面花园构成一个绿色的立体空间，一个巨大的"天篷"可以为居民提供一个休憩的场所。

新加坡摩天大厦：新加坡绿色摩天大厦由国际著名的生态建筑大师杨经文所设计，它将是一个完全依靠自己的生态系统，其中包括许多环境友好型设计理念。这些设计将是居民健康的保证。

新加坡 EDITT 绿塔：新加坡 EDITT 绿塔方案可能是所有绿色城市规划中最简单的一种。这个方案是专门为新加坡量身定做的，它将在

新加坡 EDITT 绿塔

新加坡生态住宅效果图

城市中心增添一栋美丽的绿色居住建筑。

这栋大楼有 26 层，它最具特色的地方体现在光电板、沼气发电站和自然通风系统等设计。外部的绿色墙壁覆盖了一半的建筑，它既可以起到自然遮阴和空气过滤的效果，同时也可以提高能源利用效率。

水循环利用系统可以满足大楼55%的用水需求，太阳能电池板可以为大楼提供40%的所需能量。绿塔由国际著名的生态建筑大师杨经文和东姑·汉沙共同设计。

◩ 迪拜朱美拉花园公园大门和金字塔可持续城市

迪拜朱美拉花园公园大门：迪拜以无数神奇的建筑而著称，这个公园大门的设计方案就体现了这一点。这个大门由三对巨塔组成，每对巨塔在顶部以悬空花园相连在一起，形成三重大门的形状。

根据整个设计方案，该地区还将包括另外四对巨塔。这四对巨塔主要是用于住宅和商业区。朱美拉花园区的每一栋建筑都将是环境友好

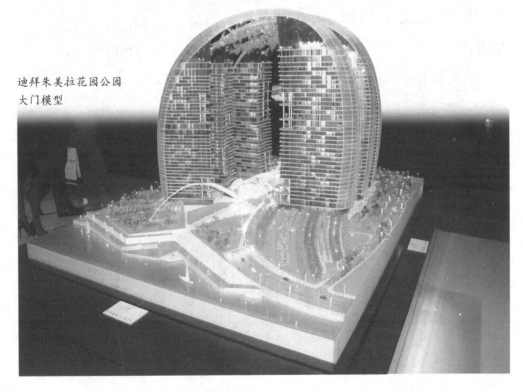

迪拜朱美拉花园公园
大门模型

型的建筑，都能够产生和利用可替代能源。

迪拜金字塔可持续城市：迪拜金字塔可持续城市由迪拜的一家名为"时间链接"的环境设计公司所设计。这种金字塔形的独特设计方案自然成为了公众关注的焦点。

利用清洁能源和其他一些环境友好型设计，这个城市社区几乎可以完全实现自给自足，可以容纳100万人居住于其中。在城市社区内部，有一个360度的全方位运输网络，可以实现水平和垂直运输。

■ 东方商业中心区和摩天巨塔

重庆幻山商业中心区：重庆作为中国最新设立的直辖市，发展越来越快。很明显，为了顺应城市人口膨胀的趋势，这个城市需要以一种聪明、有效的方式进行扩张。

重庆幻山商业中心区

2006年，重庆大学的建筑设计师们提出了一种绿色商业中心区的设计方案。根据该方案，城市的社区都将模拟该城市多山的自然地形而建，住宅建筑也有相应的规划。

在山顶之上，是现代化的住宅

迪拜金字塔可持续城市想象图

区;而在山谷之中,则是传统的中国住宅。开放的绿色空间将用于生态发电和水循环。据设计师介绍,这种能源节约型设计方案总共可以节省22%的能量消耗,而且还可以利用可再生能源取代 11%的传统能源。

日本 XSeed4000 摩天巨塔:由日本大成建设株式会社所设计,是一种理想化的"智能建筑"。尽管摩天巨塔听起来相当神奇,具有梦幻色彩,但是它却是一种不切实际的设计方案。根据设计方案,巨塔高达13 123 英尺(约合 4 000 米)。

如果能够建成,它将成为世界上最高的建筑,将能够容纳50万到100万居民。这栋建筑的"智能"体现在它对内部气候的自动控制功能。因此,它或许将在"后天启"时代派上用场。如果暂时不考虑实际操作的可能性,建造这样的一栋建筑估计大约需要 3 000 亿美元到 9 000 亿美元。我们根本无法想象这栋建筑能够成为现实。

日本 XSeed4000 摩天巨塔想象图

 **迷你知识卡**

礁湖

又称环礁湖、珊瑚湖,是指环礁内的水域或堡礁与大陆间的水域。

可再生能源

是指在自然界中可以不断再生、永续利用的能源,具有取之不尽,用之不竭的特点,主要包括太阳能、风能、水能、生物质能、地热能和海洋能等。可再生能源对环境无害或危害极小,而且资源分布广泛,适宜就地开发利用。相对于可能穷尽的化石能源来说,可再生能源在自然界中可以循环再生。可再生能源属于能源开发利用过程中的一次能源。可再生能源不包含化石燃料和核能。

第11章 城市发展需要低碳建设

◼ 走进德国最环保城市

德国,拥有最强大的汽车工业,拥有最跌宕丰富的历史,这里的人们与印象中的古板或者严肃不同,他们认真、热情。

看路上驰骋的全都是让世人追捧的奔驰、宝马车,看街边那些带着历史感的德式老建筑和新式摩登建筑的交叠呼应。

不限速是德国马路的一大特色,司机一脚油门飙到时速180公里,平稳而刺激,路上有很多修路设施,司机说,大部分的路都会预先这样让司

法兰克福街头

机行驶，利用率高且方便快捷才会完整施工，这或许就是德国人严谨又注重资源合理应用的一个小细节。

从法兰克福出发，驱车2小时就能到达位于巴登符腾堡的著名绿色小镇希尔塔赫，这里并不是主流旅行者的目的地，却意外地发现了很多来自日本的游客，不得不敬佩，对于旅行有趣程度来讲，他们的要求更高。

希尔塔赫小镇

希尔塔赫小镇位于黑森林中部，拥有众多的德国南部传统风格的木制建筑，是一座拥有完美景色的小镇，也是著名的咕咕钟的产地。德国落差最大的瀑布也位于附近的森林之中。

德国的众多小镇都是标志性的绿色城市的典范，资源越来越稀少的当下，德国的环保技术一直在世界处于领先地位。

德国工业众多，很多企业也都诞生和发展建设在小镇里，所以环保要求更是重中之重。

◤ 全球最环保城市——马斯特尔

沿着阿拉伯联合酋长国的阿布扎比高速公路向东南方行驶 10 英里，你会看见一片平坦的灌木丛林。这里将耗资 220 亿美元兴建一座可供 5 万人居住生活的生态环保城市，它已被命名为马斯特尔市。它的设计目标是"碳排放为零"。

该市的开发部负责人卡里德·阿瓦德介绍说："这里将建设世界上第一座由生态型建筑群组成的最大绿色城市，这座城市完全使用可持续的再生能源，近几年里我们将采用最先进的技术来建设这座城市。"

该市的交通活动区域全被设计成悬挂在离地面20英尺以上的支柱上，目的是增加空气循环，减少沙漠表土的热量转换。整个城市布局相当有序，交通运输与居住和公共区域分离开，被誉为三级分层型城市。

最奇特的是该城的交通运输体系：城市中有数以千计的太空时代新颖运输工具——"个人快速运输舱"。它是一种可供四人乘坐的类似太空舱的无人驾驶电力车，全部通过触摸屏和底部的传感器来导引。

此外,该市还规定,除了私人自行车和电力车外,其他会排放废气的交通运输工具一律不许使用。城市的干线交通采用架空的轻轨车辆,并与阿布扎比的轻轨相连接。

城市用水的主要来源是露水和太阳能海水淡化厂,5 万居民每天需要 8 000 立方米的水。如果没有先进的水处理系统、污水再循环系统和露水收集系统,每天就需要 20 万立方米的水。经过处理的污水还可以用于灌溉。

马斯特尔市街头建筑

全城的电力需求约为 20 万千瓦,仅为同等规模普通城市的四分之一。安装在城市外围的大面积太阳能光电板能提供取之不尽的电力,满足大部分城市用电的需求。

从城市中回收的有机废物也会转化为燃料用于发电。为了减少空调用电,住宅的间隔处装有遮阳棚,降低热量和温度。能源排放不含二氧化碳,几乎没有什么废物。

目前马斯特尔市科技研究所及另一所大学,正在开始工作,专攻可再生能源的技术,该市首席执行官贾比尔声称阿布扎比的可再生能源公司已成为城市的"心脏",原因是它的能源转换技术使一个世界上使用石油最挥霍的国家,一跃成为专用绿色技术的典范国家。

◪ 瑞士的绿色车

巴塞尔市正在对由瑞士科学家开发出的世界首辆无二氧化碳排放、完全由氢能驱动的街道清扫车进行测试。

这辆清洁车的动力使用燃料电池技术,不会排放出污染性尾气,对城市居民而言,意味着更清洁的空气。

"我们的目的是要把燃料电池技术搬出实验室、应用到城市街道中去,"克里斯庭·巴赫指出,他是联邦

瑞士风光

材料监测与研究所负责内燃机实验室的主管和氢驱动市政用车项目的项目经理。

燃料电池是公认的清洁能源。它将氢直接转化为电能，再用来带动车辆的电动马达。

车辆中储存着约7千克的氢，巴赫解释说，这些氢在被转化成电能后，可供这部车一天行驶8小时。

这辆车的尾气中不含有污染成分，而只是氢与氧在燃料电池中发生化学反应后产生的水蒸汽，这意味着它对空气的污染远远小于传统的柴油引擎。这种车型会被用于步行街区域，或人比较多的地方。

许多城市正在计划或已经拥有环保区。在英国首都伦敦，所有传统型燃机车辆在进入这些区域时，就必须缴纳一笔费用，即所谓的"交通拥挤费"，像瑞士这种零排放引擎车将能获准在这些区域行驶，巴赫表示。

不过，氢驱动型车辆可能还要10到15年才能进入市场。"技术耗资昂贵，而且也需要时间，"巴赫透露。

然而在巴赫看来，政府或各地有关部门常常会受到更多压力，要求他们引入新的环保解决方案，只要他们肯带头,那么氢驱动型道路清洁车就有可能更早"上路"。

瑞士干净的街道

改善城市环境,提高生活质量

随着城市化程度的加速,建筑用地的日趋紧张,人口密集区不断增加,这些由于定居、建设所带来的负面生态效应,使人们不得不充分、合理利用有限的生存空间,这就使得屋顶花园成为现代建筑发展的必然趋势。

屋顶绿化是一种融建筑艺术与绿化技术为一体的综合的现代技术,它使建筑物的空间潜能与绿色植物的多种效益得到完美的结合和充分的发挥,是城市绿化发展的崭新领域。

屋顶花园的建造可以吸收雨水,保护屋顶的防水层,防止屋顶漏水。绿化覆盖的屋顶吸收夏季阳光的辐射热量,有效地阻止屋顶表面温度升高,从而降低屋顶下的室内温度。

这种由于绿色覆盖而减轻阳光暴晒引起的热胀冷缩和风吹雨淋,可以保护建筑防水层、屋面等,从而延长建筑的寿命。

随着城市高层、超高层建筑的兴起,更多的人们将工作与生活在城市高空,不可避免地要经常俯视楼下的景物。

人与自然的共生是现代城市发展的必然方向,而节能、可自我循环、完善的城市生态系统是城市可持续发展的基础。

在公共建筑的屋顶建造的"空中

屋顶绿化

花园"，应该向全社会开放，让普通百姓都能欣赏到美丽的空中景观。但现在国内大多数的"空中花园"都建在高档商务写字楼的顶部，而且造价都很高，这无形中给普通百姓欣赏美景带来不便，也使得屋顶绿化的效果不能全面体现。如何解决这个问题值得城市绿化规划者与有关物业管理者认真思考。毕竟，只有获得大多数非专业人群的认同，屋顶绿化才能体现出它真正的价值。

对于国内大多数城市来说，屋顶绿化还是一片有待开发的处女地。随着现代技术的进步，屋顶绿化中遇到的一系列问题将会被逐渐解决，屋顶绿化将真正融入到平常百姓生活中。

◪ 低碳城市发展现状

在过去的一年里，"低碳城市"这4个字在中国远比全球变暖升温更快。在"两会"上，它独占10%的提案；将它敲入搜索引擎，会在0.004秒的时间里蹦出3 600万个搜索结果。

据不完全统计，中国目前至少有100个城市提出了打造"低

高层建筑

碳城市"的口号,没有一个省份缺席。最新的成员是西藏自治区的首府拉萨,计划成为以应用太阳能为主的"太阳城"。

但国家发展和改革委员会能源研究所的研究员姜克隽在接受《中国青年报》独家专访时表示:"我国并没有一个真正意义上的低碳城市。"

太阳能

在坎昆联合国年度气候变化峰会上,他作为中国政府代表团成员有项明确的任务,即积极参加以"低碳城市"为主题的边会,与各国代表"学习并交流经验"。但他坦言,将不会在边会上进行主题发言。

低碳城市不仅在数量上遍布了中国的版图,发展路径的选择也颇为多样。在河北省保定市,浑身覆盖着太阳能光伏电池板的"电谷大厦"成为这座历史名城的新地标;山东德州的"太阳城"名声俨然有赛过"德州扒鸡"之势,太阳能路灯立于大街小巷;深圳市政府选择与住房和城乡建设部进行共建,让这座城市有了"低碳生态示范市"的底气;在浙江省建德市,一场消灭空调外挂机的全城总动员正在轰轰烈烈地进行。

◪ 低碳城市:我们能做什么

我们需要的是一个属于自己的城市,一个属于自己在城市中的家。这个家,人们不需要在为了定期探望父母和孩子长距离旅行,不需要为上下班和孩子上学奔波劳累。

这样的整体和局部流动性最小的城市化和城市,才可能是我们理想中的低碳生活,人人在这个城市里生活有尊严。

工作在哪里,家在哪里。中国城市住房供给制度需要一场革命。从居者买其屋就变成了号召居者不应该有自己的住房,你的工作在哪里,家就应该在哪里,政府应该考虑按照就业职位的分布来布局和提供足够数量的房屋供人租用。

家在哪里,工作在哪里。中国城市建设与管理需要一场革命。按照人口和资源的分布重新布局城市和城市内部功能区,把城市和产业布局到人口和就业机会最集中的地方去。家在自己的土地上。城市化建设过程中,如同大家所见,中国各地的城市形貌雷同,各个地方的乡土文化正在消失,为什么? 我们的房地产商和市长都不是在建自己的城市。

房地产商只是在建设购房者的"新房子",市长是在为了城市化率,吸引外来人口,吸引外来产业创造GDP(国内生产总值)而建造一个表面上繁荣的各种"新房子"。

房地产商和市长们共同在意的都是城市化的经济收益,而忽视了当地人如何生活、当地的文化传统如何流传。

低碳城市化,自己的和本地的城市才可能是低碳的,家在自己的土地上,和谐的文化城市中国才会出现。

风车发电可降低城市的碳排放

 **迷你知识卡**

碳排放

关于温室气体排放的一个总称或简称。温室气体中最主要的气体是二氧化碳,因此用碳一词作为代表。虽然并不准确,但作为让民众最快了解的方法就是简单地将"碳排放"理解为"二氧化碳排放"。

图书在版编目（CIP）数据

图说环境与城市 / 闻婷，王颖编著 . ——长春: 吉林出版集团
有限责任公司，2013.4

（中华青少年科学文化博览丛书 / 沈丽颖主编 . 环保卷）

ISBN 978-7-5463-9522-7-02

Ⅰ. ①图… Ⅱ. ①闻…②王…Ⅲ. ①城市环境—环境保护—青
年读物②城市环境—环境保护—少年读物Ⅳ. ① X21-49

中国版本图书馆 CIP 数据核字（2013）第 039534 号

图说环境与城市

作　　者／闻　婷　王　颖
责任编辑／张西琳
开　　本／710mm×1000mm　1/16
印　　张／10
字　　数／150千字
版　　次／2012年12月第1版
印　　次／2021年5月第3次

出　　版／吉林出版集团股份有限公司（长春市福祉大路5788号龙腾国际A座）
发　　行／吉林音像出版社有限责任公司
地　　址／长春市福祉大路5788号龙腾国际A座13楼　　邮编：130117
印　　刷／三河市华晨印务有限公司

ISBN 978-7-5463-9522-7-02　　　定价／39.80元